百變低醣・生酮便當

100款美味健康便當組合
＋25道主菜＋25種主食＋18款醬料＋74道配菜，
週一到週五輕鬆自由配

水晶Crystal 著

常常生活文創

【推薦序1】

一起吃好、吃飽、吃健康

第一次見到水晶老師，是走進她的店裡，看到層架上滿滿的油。當時就想，青埔高鐵站前，人煙稀少，幾乎沒有店家，難得的一家店，店裡賣的居然不是食物，而是油。當時，正逢我對油品抱有極大興趣的時候，忍不住多看了幾眼，多瞭解、多問一點。

水晶老師除了賣油，還教我們如何將好油入菜，因此，我們可以預約午餐，邊看水晶老師做餐、邊默默地學起來，學她如何把油與食物連結得這麼美妙。漸漸的，我與水晶老師越來越熟，每次聊天，她都好奇我們到底在吃什麼？為什麼許多東西我們都不吃，但是到她店裡卻拚命地把好油倒入菜中，倒入熱茶中。

於是，我向她解釋低醣、生酮飲食，解釋我們為什麼不吃高醣值的食物，我們努力降低異常的胰島素，讓身體恢復正常的代謝力。她說：她原本就是高油脂飲食，只是沒有特別去計算碳水化合物的攝取量。於是，她開始為我們客製化低醣、生酮適合的餐食，甚至當我們一直許願要有無糖、無粉的甜點，或是好久沒有吃到的牛肉麵時，她居然也為我們變出來了！真是太神奇了…

不僅僅是做給我們吃，水晶老師也都會跟我們一起吃，沒有多長的時間，就為她自己帶來了意想不到的好處。另外，由於她的料理實在太簡單、太百變，即使冷了都還是好好吃，超級適合沒有太多廚藝，沒有太多時間的酮伴們。於是，在某一次的機會中，我推薦水晶老師寫這本《低醣生酮便當》，把簡單的菜色組合成每天的便當。

酮伴們，為了我們的牛肉麵、千層麵、義大利麵餃，快翻開水晶老師的食譜，洗乾淨你的雙手，跟著我們一起吃好、吃飽、吃健康！

廖書嫻
中華低醣生酮推廣協會 理事長
台灣細胞分子矯正學會 秘書長
謝旺穎。健康教練團隊 執行長
「愛食療實驗室」版主

【推薦序 2】

在嘗試生酮、低醣的同時，也能享受到美食

生酮飲食跟低醣飲食是這幾年高度流行的一種飲食的方式，相信很多民眾也對此特殊的飲食法不陌生，這兩種飲食的大目標都是降低對於醣類的攝取量，差別就在於對醣類攝取量的控制程度不同，低醣飲食法是將醣類攝取量降至介於 50-150 克/每日，而生酮飲食則是將醣類攝取量低於 50 克/每日。

有不少學者認為，過多的碳水化合物其實對於身體有害，也因此才會有生酮、低醣飲食法的誕生，對於糖尿病患，此飲食方式也有助於改善控制病情，當然也有部分民眾是透過這飲食方式，希望達到減肥的效果，加上電視媒體的報導，網路的文章發酵，這幾年引起了不少民眾想去嘗試生酮、低醣飲食。

但隨著想嘗試的想法萌生時，就遇到了一個大難題！我去哪裡可以吃到這些食物呢？現在這類型的餐廳並不多！如果要自己做菜，該如如何料理才可以達到「生酮、低醣」的比例標準，又同時符合「美味好吃」呢？

具備多年廚藝授課經驗的水晶老師，對油品也鑽研多年，她設計出25道主菜、25種主食、18款醬料，74道配菜，道道精彩，美味可口，可以幫你省去不少時間去自行組合食材，依據她的食譜就能讓您在嘗試生酮、低醣，也能享受到美食，相信這本書可以讓許多讀者樂在其中，同時享受著做菜的成就感及享受生酮、低醣飲食的改變，這本書相當值得給想嘗試生酮、低醣飲食的民眾當作食譜喲。

張益豪
張益豪耳鼻喉專科診所院長
台北 / 台中榮總 主治醫師

【推薦序 3】

健康的飲食，應該是開心的，而不應該犧牲美味

身為一個從事減重還有抗衰老的醫師，最常被問到的就是如何正確飲食的問題，諮詢者到底要選擇哪一種最適合大家的餐飲呢？才能讓我們維持苗條的身材，又能遠離許多慢性病，例如高血壓、糖尿病、高血脂、失智症、還有大家最聞風喪膽的癌症，這些都跟飲食息息相關的。

然而市面上充斥著各種飲食的推薦書，加上網路上各自支持者推波助瀾的放送，越來越多的選擇反而讓大家無所適從。但即使是在醫學界裡面，這幾十年來所推薦的飲食也都是各領風騷，各自有自己的論述基礎，一直到現在為止，除了減少精緻碳水化合物是共識之外，還是沒有非常統一的標準答案。例如素食飲食、阿金飲食、地中海飲食、低碳飲食、生酮飲食、飽足感飲食……等等。其實，因為每一個人的體質各異，基因不同，種族、文化還有喜好都不同，所適合的飲食當然可能都不一樣，所以我常常勉勵諮詢者，這些標榜健康的飲食當中我們要找一個做起來會開心的方式，這樣才能夠長久，而且要跟專業的營養和醫療團隊密切諮詢，這樣才是能夠永續又健康的方法。

另外還有一個更困難的考驗，就是通常這些標榜健康的飲食都不好吃啊！所以才會有「健康的東西都不好吃，不健康的東西都很好吃」這樣的趣論。因此，這一本書所提到的「最重要的是，健康的飲食，應該是開心的，而不應該犧牲美味。」這樣的核心價值真是深得我心，而且裡面所教大家的便當菜色看了讓人真是食指大動，我相信一定能夠做到既健康又美味的！

潘天健
中西醫學博士
潘天健整合醫學診所院長 暨 台灣細胞分子矯正學會理事長

【自序】

用最簡單的方式享受美食，享受健康

寫這本食譜時，其實我有點抗拒。因為我又不生酮，怎麼可能做一本好食譜呢？ 因直到現在我還是會在晚餐時刻，拿一瓶啤酒慢慢品嚐，與好友分享。

更何況，我曾經是個無麵包、無蛋糕不歡的人。只要能有任何藉口吃麵包，我一定想盡辦法吃到。一片不夠，再一片，尤其再塗上厚厚的一層奶油。麵包是那麼好吃的食物啊！而關於「糖」，那就更是肆無忌憚，尤其是蛋糕，總是垂涎三尺，一塊不夠，再一塊，搭配好喝的鮮奶茶，真的是人生再也沒有如此好的時刻了。

認識我的人都知道，我的三姐，青壯年時，因為常常外食、因為常常情緒低落，生病了，過世！那時，她才37歲！我親愛的媽媽，在她68歲時，也離開了我們。一個完整美好的拼圖，頓時被破壞了！即便過了這麼多年，那傷痛還是隱藏在我心裡的一角。健康，是多重要啊！

真的是直到三姐生病過世，我才發現，「糖」多麼可怕。開始計畫減少糖類攝取，戒掉鮮奶茶、戒掉外面的甜點，讓自己可以健康一點。但是麵包，真的好難戒啊！ 我不愛吃米飯，卻非常愛麵食；不須吃任何蔬菜、肉類，只要麵食就夠了。就在媽媽去世之後，驚覺人之所以生病，主要來自飲食中，營養素不足以及脂肪攝取錯誤，因此開始調整飲食，以「油」為主軸，讓「油」成為餐桌上最重要的主角，但是麵包與麵食，真的很難戒除。

去年我在桃園青埔開店後，認識了「中華低醣生酮協會」理事長廖書嫻小姐，她提及吃生酮或低醣的好處，但是卻從未跟我說希望我這樣做。但是因為他們會來用餐，問我是否做些生酮可以吃的醬料、甜點、主食或主菜。餐點裡的主菜、醬料，其實跟我一般吃的一樣，最大不同就是碳水攝取。我願意做些滿足顧客的需求的食物。因此無糖、無澱粉(無任何粉)的巧克力蛋糕、水晶包，許許多多的甜點、主食都出爐了，而且不會因為未吃澱粉而感到肚子餓。原來，油脂攝取足夠，真的很有飽足感。

有趣的是，當我減少攝取精緻澱粉與糖之後，困擾我的兩件事情，竟然減少與消失。我腳底有角質代謝旺盛的毛病，竟然減少了。這麼多年來，我不敢穿涼鞋，因為我的腳底很醜。不論夏天冬天，總是會有腳皮屑以及裂開的煩惱。裂開的傷口不是一小塊，而是非常多、非常多的傷口，而且常常無法走路，因為每踩一步，我的腳就痛。本來我以為是因為油脂不夠，原來……是我吃太多精緻澱粉與糖了！

而另外一件困擾我的事情，是做了很多檢查，許多醫生都幫不了我的問題，那就是神經痛。神經一痛，得吃多少止痛藥，經過半天的時間，才能慢慢讓疼痛消失。醫生無法幫我解決這個症狀的困擾，更不能解釋為什麼我會如此。只好發生症狀時，以止痛藥來止痛(這真的是我很不願意的事情)。沒想到，就在我減少攝取精緻澱粉後，這個神經痛的症狀，不見了。真的是太有趣了！

我40歲時，上帝開了我一個很大的玩笑，在痛苦沮喪的日子中，讓我有機會領養了我的愛犬「牛牛」。遇到牛牛後，我的生命完全改變了。很多人都說我們感情太好，深怕我無法承擔失去牛牛的痛苦。但是我做好了心理準備，我盡所有可能的愛護照顧她之外，我把牛牛留在手繪的畫中，讓她成為最美好的紀念。

另一件有趣的事情，那就是許多人看到牛牛，聽到她今年要邁向13歲，都不相信。因為牛牛的毛髮非常亮麗，且身體非常的健康。牛牛其實跟我一起吃一樣的食物，除了狗不能吃的，例如洋蔥、大蒜、巧克力、咖啡、草莓、葡萄等等。而且，牛牛跟我一起喝好油。沒想到，油脂對狗狗這麼有幫助。更重要的是去年，牛牛因為舔了傷口，讓胸部長了一個很大的肌瘤。這個肌瘤因為是外露，長得非常長，總是垂著快到地上了。不時會破皮、腫大、流血。書嫻特別推薦牛牛喝了黑種草油，沒想到，沒多久這肌瘤竟然壞死，醫生輕而易舉的就剪掉了。牛牛從此不用再擔心這個肌瘤。

我寫這本書，除了為生酮和低醣族設計了各式的便當之外，其實這些便當菜也是適合所有人的，讓大家可以用最簡單的方式享受美食，享受健康。

水晶與牛牛

GCK 水晶廚房
私廚、油品、手作食物

【目錄】

appetit!

【前言】

我不是生酮，我很生酮！

「你在減肥嗎？」那你一定要生酮！「你有糖尿病？」那你一定要生酮！

近幾年，生酮超級流行，不論你是什麼狀況，都以「生酮」做為結尾；更是把生酮當成瘦身的利器，各式各樣的生酮神話，在大街小巷串連著。任何與生酮有關的，防彈咖啡、生酮甜點、生酮主食…到處林立，形成一個非常有趣的話題。但是，這是事實、沒有隱憂嗎？

健康五要素，4好1要：
好食材、好油、好心情、好睡眠、要運動

在我們的飲食歷史中，有各式各樣的飲食方法：生酮、低醣、正常、地中海、蔬食……實際上只是一種為了健康的飲食模式。「健康」才是所有選擇中的最後結論。

但是我個人認為健康，其實只要5要素。好食材，指的就是使用新鮮的食材(但是不一定要用有機的)。好油，指的是好的油脂，那是真正的冷壓初榨好油，盡量避免使用氫化過的油。此外，保持好心情、好品質的睡眠，以及每天要有運動的習慣，都很重要。

這樣能有健康的身心靈，才能擁有好健康。說真的，打開我的飲食習慣，我是個非常愛吃的人，所以我真的很難執行生酮或低碳(低醣)飲食。嚴格來說，我應該是屬於地中海飲食法，以好油入菜，並以健康為中心。因為，我一直遵循著以好食材及好油做料理提供給客人或者家人；並且保持著好心情、好睡眠與運動。健康，是無價，卻也要付出代價！

就如我前面所說，我的飲食習慣類似「地中海飲食」——以「好油」入菜。好油不是只有橄欖油或者椰子油，好油應該是包含好的豬油、雞油、各式堅果油。

雖然說這是一本「名為」生酮、低醣的便當食譜書，但是其實這本書最終的目的，並不是強調「生酮」、「低醣」，而是希望大家都可以這樣吃。只要懂得如何計算生酮與低醣比例，不但可以隨心所欲地吃，更是吃得開開心心。書中有各50款的生酮與低醣便當作為參考，並將脂肪、蛋白質、碳水、纖維的比例計算好。 讀者們可更以自己變換想要的便當模式，每道菜都有這些營養素的比例。我會教你如何計算，但是，要記得喔，生酮與低醣是有不同的比例。

是，我不是生酮者，我有可能寫出好的低醣或生酮的食譜嗎？身為一個食譜作家，沒有做不出來的食譜，只有願不願意花時間研究。在我的心裡，我所做的食物不能叫做「生酮」，但是我比很多人還生酮。就像是麵條，若真的不能吃澱粉、吃糖，那麼就真的來個無粉、無糖的食物吧，而且以最簡單的方式做出。

飲食的多樣性，醬料的多寡或者不同的變化，為的是要餵飽食者的心。最重要，健康的飲食，應該是開心的而不應該犧牲美味。

OLIVE
AVOCADO
PEANUT
GRAPE SEED
HAZELNUT
CRYSTAL'S KITCHEN

Part 1

生酮與低醣的準備

WILD
KIRKLAND
須冷藏
WILD ALASKAN
SMOKED
SOCKEYE
SALMON

Chapter 1 為什麼要生酮，為什麼要低醣？

想要生酮，要先知道為什麼你要生酮？！是因為好奇？是因為朋友吃了，想跟流行？是因為現在生酮非常的火紅？還是因為生酮讓我朋友變瘦，所以我要跟進？

很多人問我，生酮就是減肥啊！要不然呢？網路上、書籍裡都在說「只要生酮就可以瘦」！在減肥飲食的世界裡，低碳水化合物、高蛋白飲食計劃經常引起人們的注意。因為「瘦」會被劃上「美麗」、「青春」、「優秀」等；而若是「肥胖」，則會被劃上「不好相處」、「醜陋」、「愚蠢」等字眼。但是真的是這樣嗎？若不了解生酮是什麼，怎麼專注的貫徹這飲食計畫呢？

生酮是什麼？

有個機會讀到一位小朋友所畫的生酮漫畫，作者是11歲的吳淄文。精簡的文字，簡單明瞭地把生酮飲食作了介紹。小朋友的理解比我們想像的容易多了：多吃原食物就好。

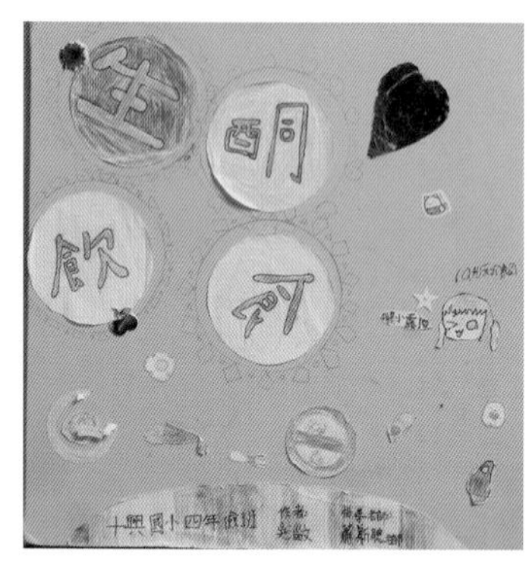

「生酮是什麼？生酮是把脂肪燃燒，當身體的能量。」

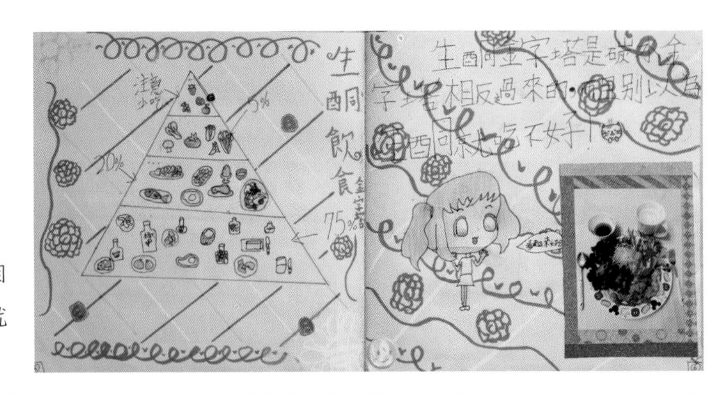

「生酮金字塔是碳水金字塔相反過來的，而且別以為生酮就吃不好。」

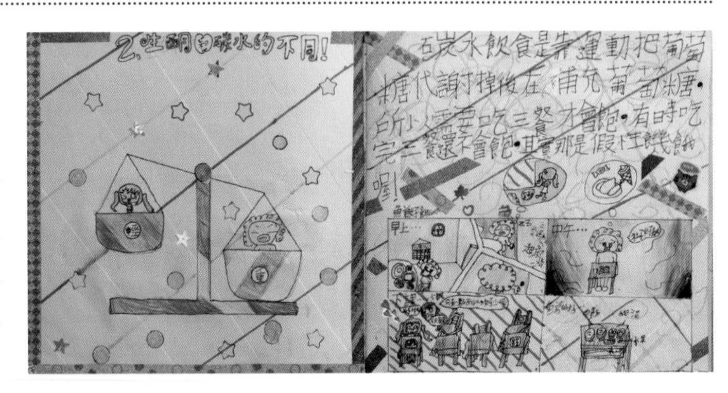

「碳水飲食是靠運動把葡萄糖代謝掉後再補充葡萄糖，所以需要吃三餐才會飽，有時吃完三餐還不會飽，其實那是假性飢餓喔！」

「生酮可以讓你頭腦清楚，記性、心情、代謝、體力變好，身體更健康，遠離疾病和癌症等病毒，也可以變瘦。」

「生酮的吃法很簡單，就是不吃加工食品和糖類，不管是醣類和糖類都一樣。多吃原食物就好……」

生酮的目的

很多人把生酮當成「瘦身」最好的利器。然而根據哈佛醫學院《哈佛健康》(Harvard Health Publishing) 的一篇文章〈你需要嘗試生酮飲食嗎？〉(Should you try the keto diet?) 提到，真正的生酮計畫，原本是為了幫助兒童減少癲癇發作的頻率，沒想到卻意外的幫助了減重。研究中心指出，這個在短期的實驗中，好與壞的結果是參半的。因為沒有長期實驗，哈佛醫學院附屬布萊根婦女醫院(Brigham and Women's Hospital)營養系主任警告說，從長遠來看，健康是需要被考慮的。所以生酮飲食的產生，並不是為了減重，而是為了「健康」，「減重」只是不小心得到的產物。

真正的生酮飲食與其他專注於蛋白質的碳水化合物飲食不同。生酮計劃是以脂肪為中心，脂肪提供高達90%的每日卡路里需求。生酮飲食的目的是強迫身體進入不同類型的燃燒狀況，它不依賴來自碳水化合物(如穀物、豆類、蔬菜或水果)的醣(或稱葡萄糖)，而是依賴所謂的「酮體」，這是一種由儲存的脂肪所產生的燃料。

燃燒脂肪似乎是減肥的理想方式，但讓肝臟製造酮體卻是很棘手：

1.它要求你每天攝入少於20至50克的碳水化合物(請記住，中等大小的香蕉含有約27克碳水化合物)。

2.通常需要幾天的生酮飲食才能達到酮症狀態。

3.吃太多蛋白質會干擾酮症。

生酮飲食到底要吃什麼呢？

生酮飲食要求每天至少攝取75%的油脂，所以每餐進食時都必須要有脂肪。有些健康的不飽和脂肪是被允許在飲食計畫中，像堅果類、種籽類、豆腐、酪梨等；此外，更允許補充高單位的飽和脂肪酸。

蛋白質在生酮飲食的計畫中也占了很重要的角色，約占20%，例如含有高蛋白質的蔬食與肉類。

至於蔬菜和水果呢？碳水化合物在生酮飲食中只能少於5%，因此水果除了漿果類，也是需要限制非常小的份量，因為幾乎都是含高量的碳水化合物，而被禁止食用。蔬菜也含有高量的碳水化合物，而被限制只能以綠色食物為主：例如綠色葉菜類(這類台灣還滿多的，算是幸運的)或是白花椰菜、綠花椰菜、球芽甘藍、蘆筍、甜椒、洋蔥、蒜頭、蘑菇、小黃瓜、芹菜等；至於根莖類的地瓜、馬鈴薯等通通摒除在外。

生酮飲食各種營養素占比

營養素	脂肪	蛋白質	碳水化合物
每日所需占比	75%	20%	5%
食物種類	各式冷壓植物油、動物脂肪、椰子油、堅果	豬、牛、雞、羊、海鮮、內臟、蛋、豆腐、堅果	菠菜、青江菜、A菜、白花椰菜、綠花椰菜、球芽甘藍、蘆筍、甜椒類、洋蔥、蒜頭、蘑菇、小黃瓜、芹菜

生酮會有風險嗎？

凡是極端的飲食習慣，皆有風險存在，生酮飲食也是。光是75%油脂、20%蛋白質以及5%的碳水化合物，營養的不均衡，有可能很多人受不了、不能堅持，或是吃錯了。因此，在進行任何飲食方法之前，建議與醫生或營養師討論過才進行，這樣才能達到事半功倍的效果。

什麼是低醣飲食？與生酮飲食有什麼不同？

低醣飲食中的醣指的是碳水化合物。顧名思義，就是降低醣類的攝取，它比起生酮飲食較為溫和一點，碳水化合物減少至20%、蛋白質30%，以及50%脂肪。若以一天攝取2000大卡來算的話，低醣飲食一天只能吃1碗飯+1個拳頭水果，而均衡飲食則可以吃到3碗飯+3個拳頭水果，這樣就能看得出其間的差異了。

所以低醣飲食的方式，就是以減少攝取碳水化合物，以達到健康的效果。

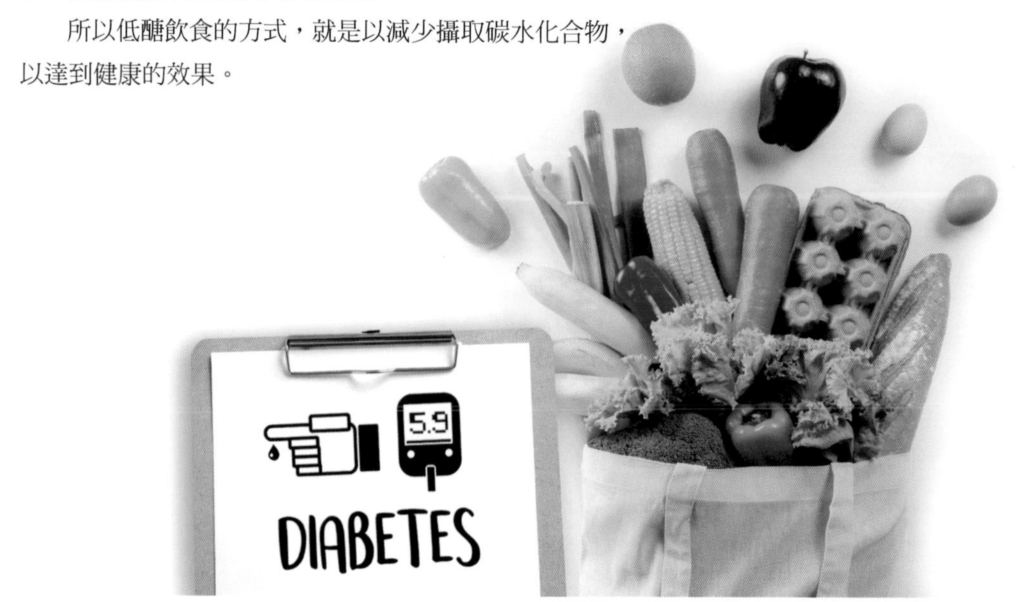

低醣飲食各種營養素占比

營養素	脂肪	蛋白質	碳水化合物
每日所需占比	50%	30%	20%
食物種類	植物油、動物脂肪、椰子油、堅果	豬、牛、雞、羊、海鮮、內臟、蛋、豆腐、堅果	幾乎所有蔬菜 避免吃精緻澱粉

各種不同飲食法的營養素占比

	生酮飲食	低醣飲食	正常飲食
油脂	75%	50%	10%
蛋白質	20%	30%	30%
碳水化合物	5%	20%	60%

Chapter 2

食物裡的營養密碼

食物裡有很多小秘密，懂得拆解，就懂得怎麼吃。有些有蛋白質、油脂、維生素、礦物質，有的還有植化素、氨基酸、碳水化合物等等。這些秘密便成為了食物的密碼，如果懂得每種植物的營養密碼，那麼吃的時候就不用擔心。

生酮飲食或是低醣飲食，營養密碼很重要。但是有4個非常最重要的元素，那就是脂肪、蛋白質、碳水化合物及纖維。大部分的食物很少是含單一元素，而同時含有碳水化合物、脂肪、蛋白質或纖維，只是不同的份量與比例。最模糊的是碳水化合物了。

碳水化合物是什麼？

碳水化合物可以分為三大類：

1.**糖份**：很多食物都含天然糖份，包含水果、牛奶、蔬菜。有些糖份是後來才加進去的，包含滷肉飯、醬油、汽水等。謹記：糖是碳水化合物之一，但不是所有碳水化合物都是糖，例如蔬菜。

2.**澱粉質**：澱粉質是由多個糖的分子組成，存在於多種植物性的食物，澱粉類的食物，例如麵包、米、馬鈴薯等，都能為身體提供熱量。

3.**纖維**：只存在植物性食物，纖維能維持大腸的健康。

很多人說，只要不吃澱粉就不會胖？又或者說不吃澱粉來達到減重的觀念，這是真的嗎？其實很多食物不是不能吃，而是我們吃了多少、或是我們需要多少，在不了解基本原理下，只是為了「瘦」，這樣真的很危險。

碳水化合物有分好的碳水與不好的碳水。找到適合自己的方式，才能健康又漂亮。好的碳水，含有纖維，可以幫助我們抑制醣類吸收。

但是糖可以吃嗎？

心情不好的時候，嚐了一口甜食，實在太美妙了！從糖醋排骨、滷豬腳到花生醬都需要糖，會讓食物達到不同的境界。是的，糖很美妙；在情緒低落時，一顆糖帶你上天堂，但是攝取過多的糖，會導致肥胖和許多慢性病，例如糖尿病。糖的攝取，會加深胰臟的負擔。建議，如果可以不要吃糖，盡量不要吃；真的要吃糖，就吃一小口。偶爾一小口真的沒關係的。

看懂食物標籤

我們必須善用營養標示來追蹤碳水化合物。食品標示中的營養標示區，能幫助我們從壞的碳水化合物中挑出好的碳水化合物：

●**總碳水化合物**(Total Carbohydrate)

膳食纖維

告訴我們此食物中含有的膳食纖維有多少。膳食纖維會被計入總碳水化合物，它不會被人體消化吸收，而是直接通過腸道排出體外。

糖

這表示食物中含有多少糖的碳水化合物，加總糖的來源包含天然的乳糖、果糖以及額外添加的糖。

了解標示的糖是不是來自於添加糖是很重要的，因此善用成分列表也是很重要的。

其他碳水化合物

這類的碳水化合物可以被消化，不被計算為糖。

成　　分：鯛魚\青魚\鹽\糖\地瓜粉
儲藏方式：因不加任何防腐劑、乾燥劑；開封後請冷藏
食用方法：當成餅乾、加入湯品

營養標示	
重　量：100克 本包裝含1份	
	每　份
熱量	170 大卡
蛋白質	33 公克
脂肪	20 公克
飽和脂肪	13 公克
反式脂肪	0 公克
碳水化合物	15 公克
糖	0.5 毫克
鈉	96 毫克
鈣	275 毫克
鎂	75 毫克

附註：

某些產品也會在碳水化合物底下表示出「糖醇 」(Sugar Alcohols)。糖醇會導致某些人的腸胃不適，如脹氣、腹部絞痛或腹瀉。如果試著在成份表中要發現他們的蹤跡，下列是它們可能出現的名稱：乳糖醇(lactitol)、甘露醇(mannitol)、山梨醇(sorbitol)、木糖醇(xylitol)或其他。許多標示「無糖」或「減少熱量」的食品可能就含有一些糖醇，甚至有些還會添加代糖(如蔗糖素)。

脂肪重要嗎？

脂肪真的很重要！脂肪並不是胖或慢性病的主要原因，而是我們一直都沒注意吃好的脂肪。特別是2013年台灣的混油事件，更是讓現代人真的聞「油」色變。一盤盤的美食中，最常被忽略的其實就是油脂。很多人以為只要不吃油就好了，但事實上，很多食物裡隱藏著脂肪的危機。我們應該學習如何正確吃，而不是不要吃。

脂肪有六大功能：

能量的來源

人體六大營養素就是脂肪、蛋白質、礦物質、維生素、水以及碳水化合物。脂肪是人體最優秀儲備及可利用的能源，它能為身體提供最高效能並幫助身體運轉。我們的細胞存在基礎，就是因為脂肪的存在。因此，脂肪是個非常重要的營養素。

保護作用

我們以為油脂只會帶來脂肪？其實不然！油脂可以維持身體溫度平衡，幫助皮膚抵擋光線、細菌或化學物質侵襲，還有保護器官不被外力衝擊而受傷。

穩定賀爾蒙

坊間很有趣的事，就是許多女生為了愛美怕胖、不吃油、拚命運動、拚命節食，看起來身材不錯，卻精神不好，靠化妝來維持；又或者心情不快樂，只能以吃來發洩。實際上，賀爾蒙是需要脂肪組成的。少了脂肪，就會影響荷爾蒙與細胞的再造，因此適度地吃油對身體的調節真的很有幫助。

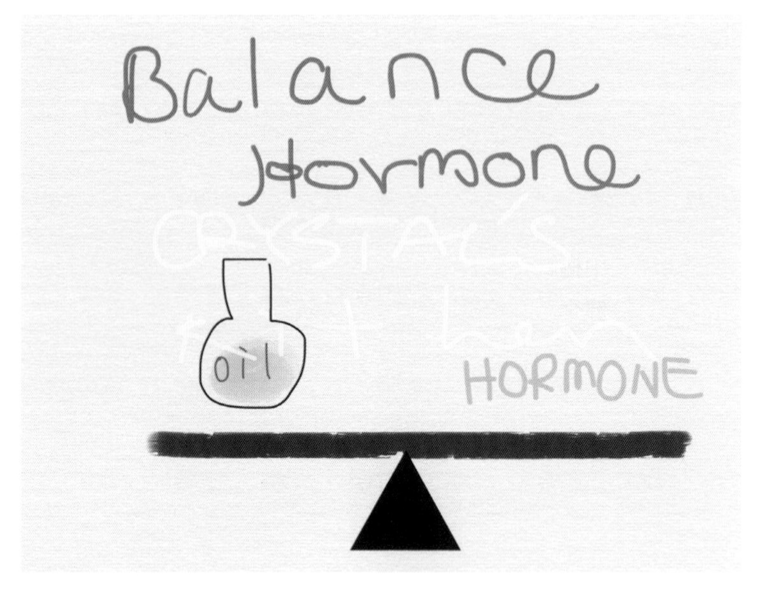

運送營養素

人體需要的維生素 A\D\E\K 為脂溶性維生素，必須溶於脂肪以便運送。因此油脂能運送食物中的脂溶性維生素進入小腸，讓人體吸收。

提供必需脂肪酸

好的油脂中，可以提供人體無法自行製造的必需脂肪酸，以調節生理功能，維護身體健康；更是促進大腦、中樞神經生長發育，維持健全不可或缺的成分。

維護免疫功能

脂肪是構成強大免疫細胞的重要原料。攝取好的油脂能健全人體的免疫功能，使免疫系統正常運作、維護修護能力，為身體提供良好的防禦能力。

Chapter 3 生酮、低醣好油與好食材

在生酮飲食的世界或者低碳飲食的世界裡，需要的是脂肪。因此好的脂肪來源很重要，不論是植物性或是動物性。在我的飲食計畫中，好油一直是最重要的，他是根本。當服務生端上了一盤食物，熱騰騰的，你看到的是色、聞到了香、嚐了味，說：「好吃」。如果菜色冷了呢？色依舊在，香氣不見了，味道更是不對了，重點在哪？就在「油」！

懂的如何用油，在飲食的世界裡，會變得很簡單。成為三星大廚，真的一點也不難呢！

而關於生酮好食材中，我有個標準：「生長在地上的蔬菜可以多吃，生長在地下的蔬菜少吃」；其實就是說什麼都可以吃，只是吃多與吃少而已。對我而言，真的什麼都可以吃，只要控制好，哪有什麼問題呢？

其實生酮好食材真的好多，雖然無法一一介紹，卻可以在我的便當模組的配菜中，看到不同的變化。希望我能為你準備好一個美麗的便當旅程。

酪梨與酪梨油Avocado oil

早在西元7000年前，阿茲特克(今墨西哥)居民就開始種植酪梨，並將它當作高營養的食物。後來逐漸發現酪梨油脂在醫療及美妝保養都有極好的效果；是擁有萬年口碑的植物好油。

酪梨的營養價值很多，味道像奶油，且主要是以單元不飽和脂肪酸為主。最重要的是發煙點高達攝氏255度，是非常適合煎煮炒炸的好油。同時富含礦物質鉀，是香蕉的6倍，還有豐富的葉酸「B9」，對孕婦、產婦、嬰兒都是很好的營養來源。

每20顆酪梨，才能榨出一瓶250ml的酪梨油。

我很喜歡酪梨油，淡淡的奶油香，能為食物提升不同的味道。若是做菜時，使用不同風味的酪梨油，更能添加不一樣的口味。食譜中，我常常使用檸檬風味酪梨油、羅勒風味酪梨油、紅椒風味酪梨油、大蒜風味酪梨油。每種風味都有其特色，大家都可以嘗試看看。

酪梨是生酮和低醣的好朋友，因為擁有濃郁的奶香油脂以及豐富的營養素。酪梨不是只拿來打牛奶，這樣其實好可惜。因為酪梨油脂與纖維夠，對我們的消化很有幫助。更何況，酪梨的天然奶油香，與很多食物搭配，更有不同味道呦！

榛果油Hazelnut oil

榛果是堅果類中唯一生長在歐洲的堅果。近年來，有往其他地區發展的趨勢。在新石器時代，榛果就是一直被人高度的使用與重視。榛果含有滿滿的活力來源，除了油脂之外，還有蛋白質、維生素A、B、E、葉酸，以及鈣、磷、鐵。它特有的怡人香氣，讓咖啡、紅茶或餐點大幅提升。

榛果油是堅果界的「黃金之油」，30公斤的榛果才能榨出1公升的榛果油。因為營養價值高，只需少量的榛果油，就能有很好的效果。據說，榛果樹是橄欖樹的始祖(我覺得無從考證)，但是在北義的一趟旅行中，發現橄欖樹與榛果樹幾乎都是比鄰而居，可以說是好朋友，相輔相成。

橄欖油Olive oil

具有5000年歷史的橄欖油，是歐洲人喜歡的油脂之一。對歐洲人而言，橄欖油就是「生命之樹」的最佳代名詞，它點燃了地中海的文明，當地居民認為橄欖代表了幸福、好運以及快樂滿足，象徵神聖和來自天堂的禮物，因此有「黃金之液」的美稱。古代時期的羅馬居民，運用橄欖油抗氧化與抗發炎的功效於美容儀式、健身、與傷口。

想想橄欖油多麼珍貴，每4公斤的橄欖才能榨出250ml橄欖油。而且，橄欖不像其他果實，如果不小心被蟲蛀了，或者擦撞，其實很容易氧化、變質。所以，「黃金之液」果然很珍貴呢。

橄欖油對我來說，也很重要。我喜歡它有濃郁的青草、番茄味道之外，還帶有苦澀的餘韻。另外，除了特殊的角鯊烯、豐富的橄欖多酚，竟然有類似消炎藥布洛芬(Ibuprofen)成分。也難怪，歐洲5000年的文化中，橄欖油可以當成美容、健身還有治療傷口呢。

我還嚐過有濃厚奶油香的橄欖油，這真的讓我驚為天人，拿來煎牛排，真的很不一樣。還有一款添加了薑的橄欖油，這款油常常讓我拿來加在無糖豆花(甜點不要有糖，還是可吃的！)或者拿來炒黑木耳，薑味的香氣更多元！

澳洲胡桃油(夏威夷豆油) Macadamia oil

盛產在澳洲昆士蘭的澳洲胡桃，曾是當地主要的飲食；因為豐富的營養及豐厚的油脂，後被引進夏威夷大量種植，聲名大噪之後，才被命名為「夏威夷豆」。與酪梨油相似，澳洲胡桃油具有良好的抗氧化功能，單元不飽和脂肪酸高達80%，而且是非常美味並具有高度營養的堅果，因此有「堅果之后」的美譽。

澳洲胡桃油具有220℃的高發煙點，且味道甜美，許多廚師會拿來炒菜與製作甜點。

我喜歡將澳洲胡桃油作為大蒜醬的基底油，可以將大蒜醬提升了不同的層次。我也喜歡直接喝一口澳洲胡桃油，含在嘴裡，有淡淡的堅果香氣，更能提神。

芝麻油Sesame oil

3000多年前，芝麻就已經是非常重要的食物之一。因為豐富的油脂與營養，在埃及不但是食物與醫療使用，更是埃及豔后美容保養的最愛。芝麻油的營養豐富，屬於抗老的油脂之一，而且芝麻油中含有非常高量的卵磷脂，可以提供細胞與神經細胞滿滿的養分。淺色的芝麻油，芝麻香氣清淡，是來自完全無烘培的芝麻，發煙點約200℃，常用來煎炒或是用在調味上。

台灣的芝麻油，大多以低溫烘培或炒香後榨油，味道非常濃郁，但因為加溫後，它的發煙點只剩180℃，若拿來炒麻油雞，會因溫度太高而遭到破壞。所以我特別喜歡以低溫冷壓直接榨出的芝麻油，油中有個淡淡的芝麻香，更讓食物增加了芝麻美味。

花生油Peanut oil

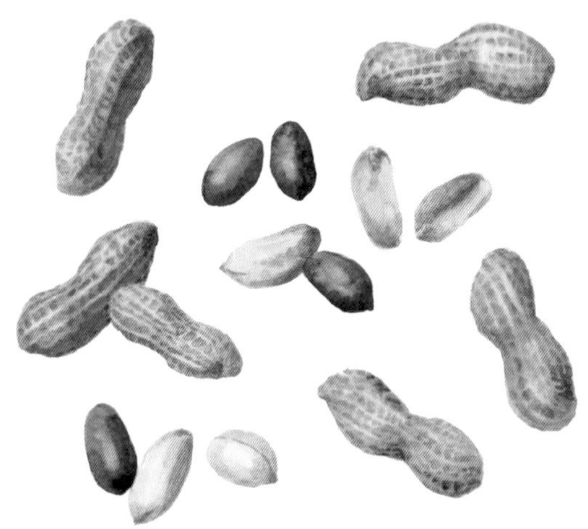

遠古印加民族的保養秘方好油，就是花生油。花生原產地是南美洲，早在3000年前花生就是重要的營養食品。花生油分為低溫烘培榨油與冷壓榨油，每500公克只能壓榨125ml的花生油。低溫烘培榨油法，是將花生炒香後榨油，味道非常濃郁；冷壓榨油法是將花生直接壓榨出油脂，味道比較清淡，但加熱後，花生的香氣會慢慢飄出。其發煙點大約175-180℃，非常適合炸肉。

早期的中華料理，除了豬油，就以花生油為基底作為炸油。我卻喜歡在鮮奶油咖啡中，淋上2大匙花生油。在咖啡的薰陶中，讓花生香氣慢慢提升。花生油當然也可以拿來當堅果油的基底，不需太多，只要大約10ml，讓堅果更容易打成泥。

核桃油Walnut oil

最早在中亞地區就有核桃樹的蹤跡。當德國皇帝查理曼大帝知道核桃的香氣與營養後，便在德國種植核桃樹。自此之後，核桃便慢慢的流行且成為受歡迎的食物。早期巴伐利亞區的新娘子都會吃核桃，因為人們認為核桃能帶來多子多孫的福壽。長久以來，不管是中醫藥典或西方民俗療法，都記載著核桃具有預防及治療疾病的功效。

核桃果仁中有滿滿的營養素，以及人體必要的脂肪酸。根據醫學報告指出，必需脂肪酸能使激素及大腦活力充沛。在古早物質缺乏的年代，核桃讓孕婦供給胎兒最需要的養分。與澳洲胡桃油相反，核桃油主要含有多元不飽和脂肪酸Omega3，提供腦細胞與視網膜營養分子。

除了油之外，核桃還可以拿來做料理，例如核桃雞、核桃蝦等等。

亞麻籽油Linseed oil

亞麻是世界上非常古老的纖維作物，種籽可以榨油，又稱「永保青春之液」，目前是世界十大油料作物之一。亞麻籽油的Omega3含量非常豐富，根據醫學報告指出，亞麻籽油是許多可抗老油脂中，名列第一的選擇。因為含豐富的Omega3，發煙點只有150℃，雖然不能大炒、煎與炸，但是水炒或是涼拌都可以。

我喜歡亞麻籽油中有個甜橙風味。許多食物需要添加糖或是果汁才能有特別味道，我們卻可以這瓶有甜橙風味的亞麻籽油增添一樣的味道，卻不需要任何糖。這不是件很棒的事嗎？又或者，將這瓶油淋在沙拉上，讓沙拉多了甜橙風味，讓每一餐都有不同的感受呢！

苦茶油Tea tree seed oil

中國使用苦茶油的年代，可以回溯到西元前100年前漢武帝時期。剛開始苦茶籽是農民用來食用的；到了宋朝時期，榨油技術的進步，漢人開始栽種油茶樹。而後到了明朝，聽說了苦茶油的好處而引進宮廷，之後苦茶油聲名大噪。

苦茶油的營養素也很多，是一瓶佔有高比例單元不飽和脂肪酸的好油。發煙點237℃，也是一瓶煎煮炒炸涼拌的好油，非常容易被人體消化吸收及改善消化系統。在台灣、中國，常被運用在料理上，有「東方橄欖油」之美譽。

小時候，我很愛苦茶油拌麵線。長大後，苦茶油拿來炒菜、炸肉也是不錯的選擇。

蕪菁油Turnip oil

Photo by Monika Grabkowska on Unsplash

蕪菁到底是什麼呢？蕪菁又稱蔓菁，聽起來好模糊，但是如果我說是大頭菜，會不會比較容易懂呢？蕪菁最早來自於中東的兩河流域；但在3000年前，中國就有蕪菁的蹤跡。三國時代，諸葛亮拿蕪菁作為軍糧；宋朝時期，蘇東波拿來煮粥，皆因為蕪菁的營養價值超高。在16世紀的時候，才在法國種植。第一次世界大戰，德國也將蕪菁當作軍糧；卻在二次世界大戰後，因為油菜籽產量高，而被取代、進而幾乎消失。

蕪菁油對很多人來說非常的模糊。它的味道清爽、具有淡淡的蘿蔔味，非常適合沙拉淋醬又或者淋在燙蔬菜上。

摩洛哥堅果油Argan oil

Photo by Roberta Sorge on Unsplash

摩洛哥堅果樹大多生長在地中海荒蕪的沙漠地區。它頑強地活著，深入泥土的根與葉子，卻能讓它抵禦多風缺水的環境，其孕育的果實中含豐富營養的成分。

摩洛哥堅果油取得不易。必須以石頭砸碎果殼，再將果仁取出，低溫炒熟後，榨出淡淡堅果香的油脂。千年以來，地中海沿岸的女性們，都使用摩洛哥堅果油保養。炒熟後的堅果，有個淡淡的培根煙燻味。拿來炒蛋、淋在沒有調味的肉片上，風味非常不一樣。

豬油Pork lard

早在19世紀的時候，許多國家都使用豬油，因為他們認為豬油便宜又美味；不像植物油還要購買種籽及機器與人力；但豬油不同，只需要買豬肉，用一個鍋就可以自己做豬油，多方便。

在一些偏遠的歐美地區，麵包上塗的不是奶油，而是厚厚一層的豬油，這是鄉村的美味。早期的台灣，也是將豬油加熱淋在飯上，真的是一道難以忘記的豬油飯。在英國、法國，許多大廚都喜歡用豬油烹飪，甚至甜點也以豬油來烘焙。甚至在墨西哥，豬油更是常見的食用油。而在亞洲，豬油就是主要的食用油。

豬油的飽和脂肪酸相較於牛油，單元不飽和脂肪酸的比例較高。因此適量地與植物油輪替使用，搭配大量鮮蔬、全穀，不至於引發心血管疾病，反倒能品嘗到不一樣的好味道。

雞油Chicken fat

在史書上，我們很少看到雞油的食用方法，但是我們常常去喝雞湯或是雞精。不論中外，都認為喝雞湯可以讓身體更好、可以治感冒！

然而有個小問題，大家都把雞油撇掉，那是多麼可惜的一件事，因為雞油與其他動物性油脂不太一樣。它的單元不飽和脂肪酸高達45%，還有多元不飽和脂肪酸21%，更有豐富的維生素D。所以呢，喝雞湯時，記得不要撇掉雞油呦！

奶油Butter

西元前3000年，印度人就已經有奶油製作的方法了。從牛的乳房取出牛奶後，靜置一段時間，會產生一層漂浮的奶皮；而這奶皮的成份即是脂肪。印度人將這奶皮放入皮製的袋子中，高掛著，反覆拍打搓揉，奶皮就漸漸變成奶油。西元前2000年，埃及人也學會了製作奶油，後來埃及人的製油方法流傳到歐洲，而印度製作的方法則由中國傳入日本。

奶油製作的機械化開始於1879年；而瑞典的巴拉爾在1882年發明了奶油分離機之後，提高了製作奶油的效率。

芝麻葉Arugula

我非常愛芝麻葉。深綠色蔬菜，淡淡芝麻香，微苦微辣，豐富的營養素，膳食纖維非常多，是生酮的好夥伴。

球芽甘藍Brussels sprouts

看似高麗菜的小型版，卻不是高麗菜，屬於十字花科，膳食纖維充足。食用時略帶苦味，但是如果以奶油相佐，意外的甜美。

花椰菜Cauliflower & Broccoli

在飲食記錄裡，不論白花椰、綠花椰都非常適合做主食，例如：花椰菜米炒飯，雞油飯等。最重要，它可以讓主食變得很有趣，不再只是單純的米飯或是麵包了。

Part 2

低醣與生酮便當模組

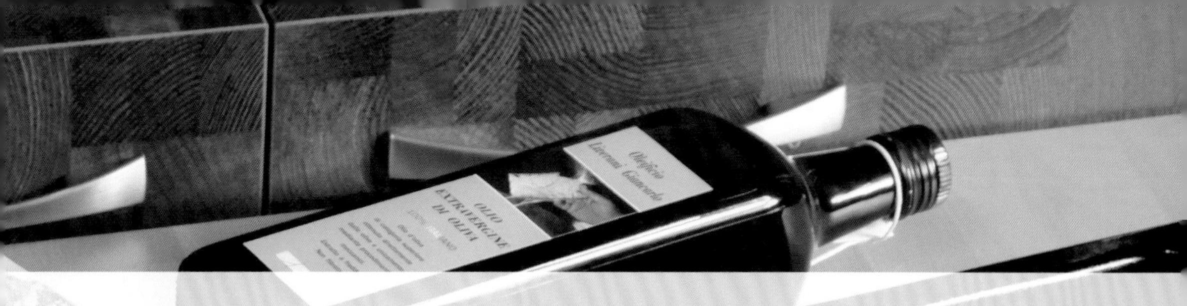

有人會問我：「老師，平常晚餐就已經很麻煩了，更何況還要準備生酮便當呢？」老實說，這些食物，是我平常在家裡或在店裡給客人吃的，真的很稀鬆平常，也不是只有吃生酮的人才能吃的。

特別要準備便當，真的好麻煩；那如果是平常的午餐或晚餐，再來做成便當，是不是容易得多呢？這次的食譜，是以正餐為基礎，再來準備隔日的便當，這樣週間中午的便當，會變得更有趣！

Chapter

4

一定要學會的 便當主菜

這 25 道主菜是我常常上桌的好菜。不論是豬肉、牛肉、海鮮、羊肉，還是雞肉，只要是新鮮，不需要過多調味、也不需要費時醃製，只要好油、好醬料、加上香料、鹽、胡椒，不論是煎煮炸烤蒸，就這麼簡單。

好吃的秘訣，其實在於記憶中的味道。許多菜，是小時候奶奶或是媽媽做的好菜，或是走訪不同國家時的記憶，又或是讀書時同學的家常菜。我把它們以我的方式呈現，讓桌上的菜色以簡單的方式做出不同以往的辦桌菜。

做菜快速，最重要的原因，是因為我有好的工具。尤其是使用了至少 10 多年以上的壓力鍋。很多人拿來煮甜湯而已，真的太可惜了！壓力鍋，比你想像的還好用呢。很多人怕爆炸，那是因為操作不當。新型的壓力鍋，操作超級簡單，蓋上鍋蓋，開大火，等壓力棒上壓到第二條線，轉小火，設定時間；時間到後，關火。就不用理它了。你可以在關火後出去辦事，回來打開，就可以享用裡面的美食了。

主菜
01

豬肉 香料烤梅花豬

材料：

梅花豬肉 2斤(選油花多)
咖哩葉 1支
迷迭香 1支
月桂葉 2片
鹽 2大匙
胡椒 適量
迷迭香風味酪梨油 2大匙

營養素占比

營養素	重量(克)	熱量比例
脂肪	170	62.71%
蛋白質	227	37.27%
總碳水化合物	1.5	
膳食纖維	1	
淨碳水化合物	0.5	0.08%

水晶老師的廚房筆記

我很喜歡做這道菜，它的用途，不只是一道菜。吃不完的可以切成肉片帶便當，也可以切成薄片成為早餐的三明治，還有可以變成肉絲、肉碎，做成涼拌菜、沙拉肉片等等。
梅花肉的脂肪又多，烤起來不會乾澀，吃起來又帶勁，端上桌又非常亮麗，是一道非常有意思的主菜。

作法：

1. 烤箱預熱240℃，10分鐘。
2. 梅花肉洗淨，擦乾。在肉的1/3部分，割一刀(比較容易熟)。
3. 外表抹鹽巴，肉劃開的部分放入香料葉。
4. 將肉放入烤箱，設定20分鐘。
5. 下層底盤注入水(避免肉烤得太乾)。
6. 240℃先烤20分鐘後，再轉180℃烤40分鐘。
7. 時間到，小刀插入，若血水為透明色，即可取出。
8. 撒上胡椒，淋上迷迭香風味酪梨油，即可上菜。

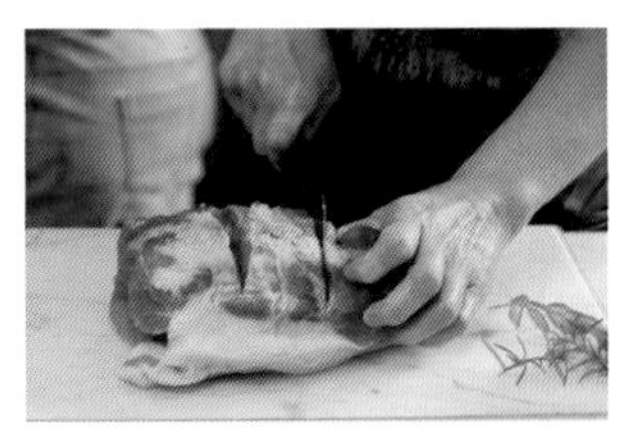

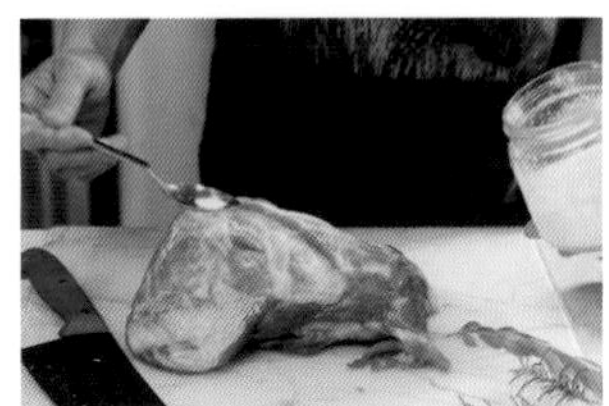

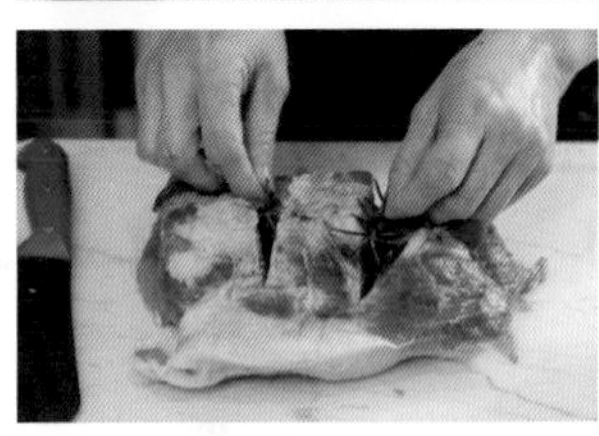

主菜 02 豬肉

油烤梅花排

材料：

梅花排 1大排
迷迭香 1支
義式香料 1大匙
鹽 2大匙
胡椒 適量
橄欖油 2大匙

作法：

1. 烤箱預熱200度，10分鐘。
2. 梅花排洗淨，擦乾，抹鹽、抹油和義式香料。
3. 將迷迭香放在梅花排上。
4. 放入烤箱，下層底盤注入水(避免肉烤得太乾)。
5. 200℃，烤50分鐘。
6. 時間到，取出，撒上胡椒，即可上菜。

營養素占比

營養素	重量(克)	熱量比例
脂肪	260	71.34%
蛋白質	234.5	28.6%
總碳水化合物	1.5	
膳食纖維	1	
淨碳水化合物	0.5	0.06%

水晶老師的廚房筆記

這道菜的起源其實是來自豬肋排。每次到西式餐廳用餐，總免不了要點豬肋排。但是它的醬料很多，我不是很喜愛，我就是單純愛肉的甜味。
因此，把煮湯的梅花排變成了另種作法，更是好吃啊！你們可以試試！

主菜
03

豬肉

鹽滷豬腳

材料：

豬後腿 2支，切輪狀
洋蔥 1顆
八角 3粒
月桂葉 2片
水 200ml
鹽 1大匙

營養素占比

營養素	重量(克)	熱量比例
脂肪	273.4	70.98%
蛋白質	234.5	27.06%
總碳水化合物	20	
膳食纖維	2.6	
淨碳水化合物	17	1.96%

水晶老師的廚房筆記

滷，一定要用醬油嗎？滷，一定要有酒嗎？這道菜是從德國的啤酒燉豬腳轉變而來，多了八角與鹽，味道其實就非常足夠了。
生酮不能有酒(或是微乎其微的酒)，那麼我們就用洋蔥與八角去腥吧！最重要的是，燉完豬腳的濃郁湯汁與豬油，加了水及些許蔬菜，可以變成濃郁的好湯呢！

作法：

1. 豬腳洗淨，洋蔥滾刀切。
2. 以熱水沖燙豬腳。
3. 將豬腳放入壓力鍋中，同時放入洋蔥、八角、月桂葉、鹽、水。
4. 蓋上鍋蓋，開大火。
5. 當壓力棒上升至第二條線，轉小火，設定12分鐘。
6. 洩完壓後，取出即可食用。

主菜 04 豬肉

水煮三層肉

材料：

三層肉 1斤(600克)
洋蔥 1/4顆
水 600ml
鹽1大匙
五味醬 30ml(參考P.152五味醬作法)

作法：

1. 將三層肉洗淨、擦乾，以熱水沖燙一下。
2. 洋蔥滾刀切。
3. 將三層肉與洋蔥同時放入壓力鍋，加入鹽、水。
4. 蓋上鍋蓋，開大火。
5. 當壓力棒升起後的第二條線，轉小火，設定13分鐘。
6. 直至完全洩壓，取出放涼再切片。
7. 搭配五味醬，即可食用。

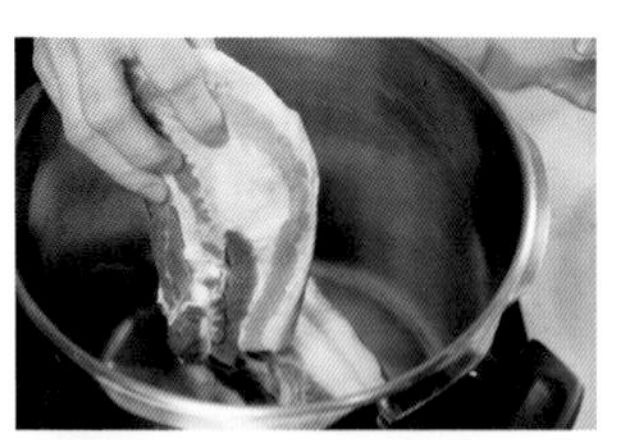

營養素占比

營養素	重量（克）	熱量比例
脂肪	234.74	82.8%
蛋白質	89.69	14.06%
總碳水化合物	23.05	
膳食纖維	3.08	
淨碳水化合物	19.97	3.14%

水晶老師的廚房筆記

話説，油脂濃厚的三層肉，最適合生酮飲食者了(其實我愛吃啦！)。煮好後，冷凍，切薄片後，淋上醬汁簡直太太太美妙了！

主菜
05

猪肉

烤水晶肉

材料：

水晶肉片1片
鹽1小匙
胡椒適量

作法：

1. 烤箱200℃預熱10分鐘。
2. 水晶肉洗淨，擦乾。
3. 放入烤箱，200℃烤15分鐘。
4. 時間到取出，切片。
5. 取一撮鹽、胡椒拌勻，沾胡椒鹽即可食用。

營養素占比

營養素	重量（克）	熱量比例
脂肪	108	62.73%
蛋白質	144.38	37.27%
總碳水化合物	0	
膳食纖維	0	
淨碳水化合物	0	

水晶老師的廚房筆記

這個不推薦真的不行啊！水晶肉又稱玻璃肉，是豬肉老闆的最愛！因為夠油、夠Q、價格又沒有非常貴，是我店裏顧客們的最愛。
只要一點點調味，就能讓水晶肉超乎想像的Q彈好吃啊！

主菜

06

豬肉 炒內臟雙寶

材料：

豬肝 1/3付

豬腰 1/2付

薑 6片

青蔥 1支

芝麻油 2大匙

大蒜風味酪梨油 60ml

水1鍋

作法：

1. 豬肝、豬腰洗淨，泡流動的水。
2. 青蔥切8段、豬肝及豬腰切片。
3. 取鍋燒水，放入4段蔥、3片薑。
4. 水滾後，川燙豬肝、豬腰。
5. 取平底鍋，放入芝麻油、4段蔥、3片薑，炒香。
6. 放入豬肝片，外表變色後，再放入豬腰，略炒1分鐘即可。

營養素占比

營養素	重量(克)	熱量比例
脂肪	59.4	50.95%
蛋白質	113.28	43.18%
總碳水化合物	15.76	
膳食纖維	0.35	
淨碳水化合物	15.4	5.87%

水晶老師的廚房筆記

生酮飲食者非常適合吃內臟，內臟裡有豐富的礦物質維生素。很難處理嗎？不會的，跟著我簡單的步驟，將可以吃到超爽脆好吃的內臟雙寶。

主菜
07 豬肉

香煎梅花肉

材料：

梅花肉 4片

鹽 1小匙

迷迭香 2支

作法：

1. 梅花肉洗淨。
2. 取鍋，開大火，鍋中灑水試水溫，若呈水珠狀，關火。
3. 放入梅花肉及迷迭香，大約8分鐘，翻面。
4. 開小火，撒鹽，再煎8分鐘，即可。
5. 可以試著淋上摩洛哥堅果油，會有意想不到的煙燻味。

營養素占比

營養素	重量(克)	熱量比例
脂肪	16.82	62.53%
蛋白質	22.66	37.44%
總碳水化合物	0.021	
膳食纖維	0.014	
淨碳水化合物	0.017	0.03%

水晶老師的廚房筆記

梅花肉油脂豐厚又不乾澀，如果嫌一整塊的香料烤梅花豬太麻煩，以梅花肉片取代，也是不錯的選擇。

主菜
08

蒸蘿蔔夾肉

材料：

蘿蔔 1/4根
培根肉 3片
鹽 1小匙
紅椒風味酪梨油 1大匙
水 200ml

作法：

1. 蘿蔔去皮，切薄片；培根肉切方塊。
2. 取蒸盤，一片蘿蔔、一片培根肉，撒鹽，淋上酪梨油。
3. 取壓力鍋，倒入水，放入蒸盤，上壓8分鐘，洩壓後，即可取出。

營養素占比

營養素	重量(克)	熱量比例
脂肪	26.75	89.48%
蛋白質	3.6	5.35%
總碳水化合物	4.84	
膳食纖維	1.36	
淨碳水化合物	3.48	5.17%

水晶老師的廚房筆記

蒸蘿蔔夾肉其實可以算是宴會菜。冬天是蘿蔔的季節，甜甜的蘿蔔配上了豬培根，香氣四溢。雖然需要一小小點的擺盤，但是不難。運用巧思，什麼樣的擺盤都好美。

主菜
09 

脆皮烤雞

材料：

放山雞 1隻(去頭去尾)
洋蔥 2顆
鹽 4大匙
咖哩葉 1支
迷迭香 2支
九層塔葉 6片
橄欖油 120ml

營養素占比

營養素	重量(克)	熱量比例
脂肪	270.25	50.62%
蛋白質	573.2	47.72%
總碳水化合物	20.6	
膳食纖維	2.63	
淨碳水化合物	19.97	1.66%

水晶老師的廚房筆記

宴客可以上一隻雞，是不是很棒？更何況是不難，卻又有好吃的脆皮烤雞呢？小小的剝皮動作，讓皮肉分離的雞，變得肉嫩皮脆了！試試看，這隻烤雞將會開啟很多人對你的敬意。

作法：

1. 整隻雞洗淨後，擦乾。
2. 先用剪刀在雞脖子處剪開，再用雙手從雞皮與雞肉之間的縫隙，慢慢將雞肉與雞皮分離。
3. 將2大匙鹽抹在雞肉與雞胸腹。
4. 放入咖哩葉、九層塔、迷迭香1支。
5. 再將其餘2大匙鹽抹在雞皮上。
6. 洋蔥切絲，放入胸腔中。
7. 烤箱以240℃預熱，放入整隻雞先烤30分鐘。
8. 再轉200℃，續烤50分鐘。
9. 時間到後，以小刀插入雞肉，若沒血水即可食用。
10. 食用時搭配橄欖油，味道更棒。

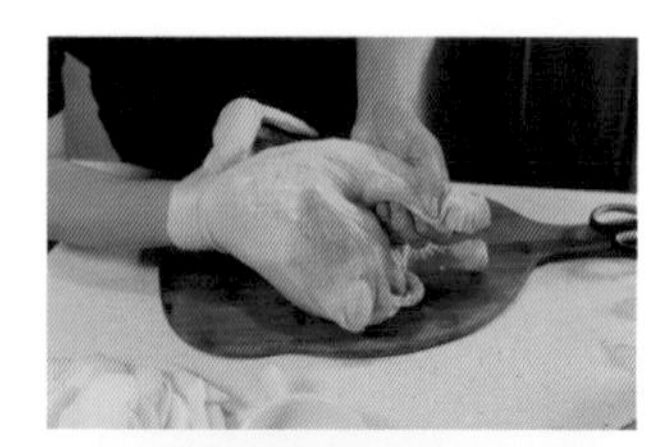

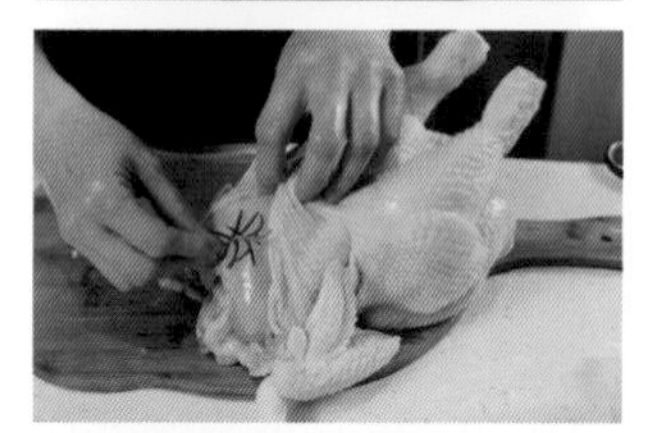

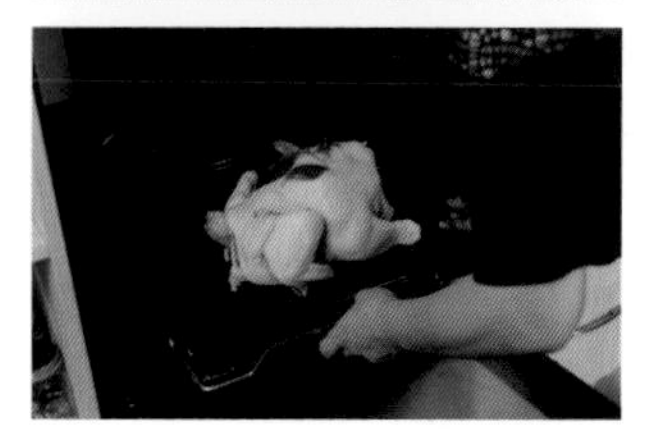

主菜 10 雞肉

肚包雞

材料：

豬肚 1個
雞腿 2隻
香菇 8朵
洋蔥 1顆
綜合菇 100克
米酒 10克
水 500克
紅椒風味酪梨油120ml

營養素占比

營養素	重量（克）	熱量比例
脂肪	227.12	54.4%
蛋白質	396	42%
總碳水化合物	36.22	
膳食纖維	8.87	
淨碳水化合物	10.47	3.6%

水晶老師的廚房筆記

看過電影《總鋪師》裡的〈雞仔豬肚鱉〉，會不會也想來做做看呢？鱉(甲魚)，我不愛，放棄……但是雞肉，卻讓這道菜鮮美不已。只要有豬肚、雞腿，我們也可以成為「總鋪師」。

作法：

1. 將豬肚、雞腿洗淨備用。
2. 香菇切絲、洋蔥切塊、綜合菇擦拭乾淨。
3. 打開豬肚，塞入雞腿、香菇絲。
4. 取壓力鍋，放入洋蔥，及塞好食物的豬肚。
5. 再倒入米酒、水。
6. 開大火，蓋上鍋蓋。
7. 等第二條線浮現，即是上壓，轉小火，設定25分鐘。
8. 洩完壓後，開蓋，轉中火，放入綜合菇。
9. 取出豬肚，剪開，即完成。（這同時也是一道非常鮮美的湯品，如果放入淮山、當歸、茯苓同煮，就是好喝的四神湯。）

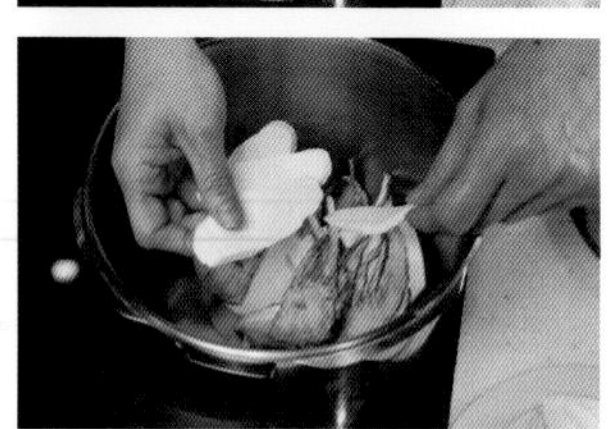

主菜 11 雞肉

香料菠菜雞腿排

材料：

雞腿排 2支
菠菜 50克
綜合香料 1大匙
鹽 1小匙
胡椒 適量
大蒜風味酪梨油 90ml

作法：

1. 雞腿洗淨、菠菜洗淨切6段。
2. 將雞腿皮與肉分離，菠菜以熱水浸泡。
3. 菠菜撒上鹽、胡椒、香料拌勻。塞入雞腿的皮與肉之間。
4. 處理好的雞腿排放入烤箱，以200℃烤35分鐘，時間到即可取出。
5. 淋上大蒜風味酪梨油，提升菜色香氣。

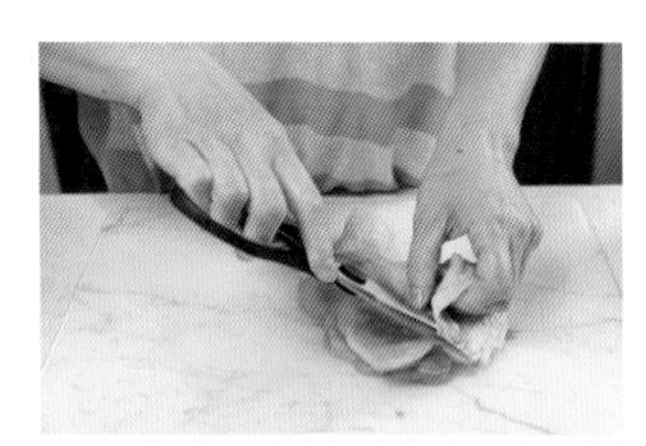

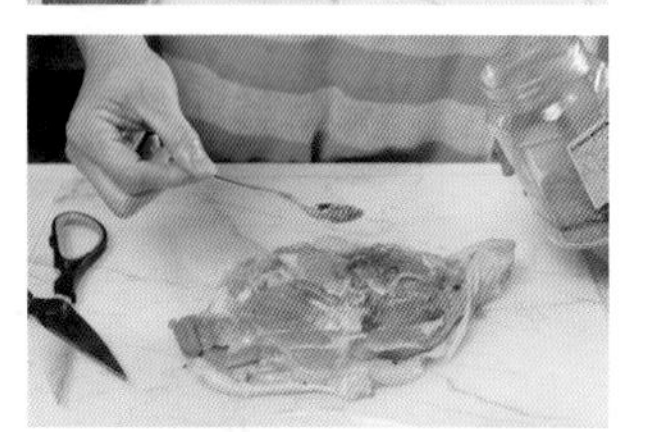

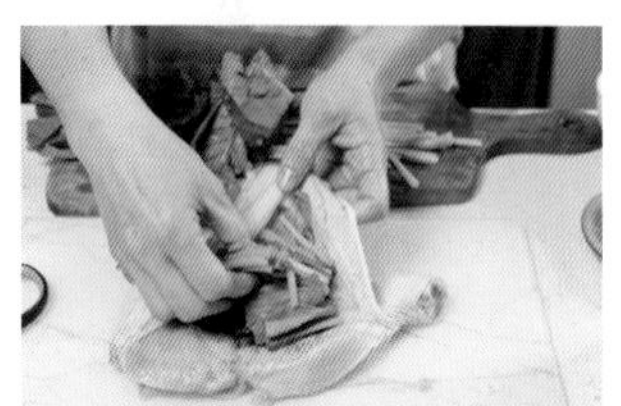

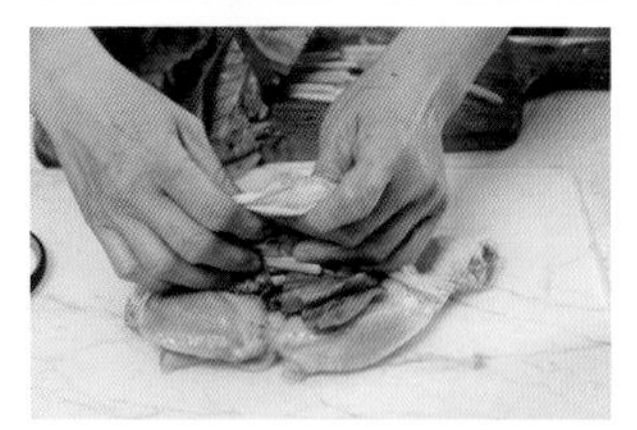

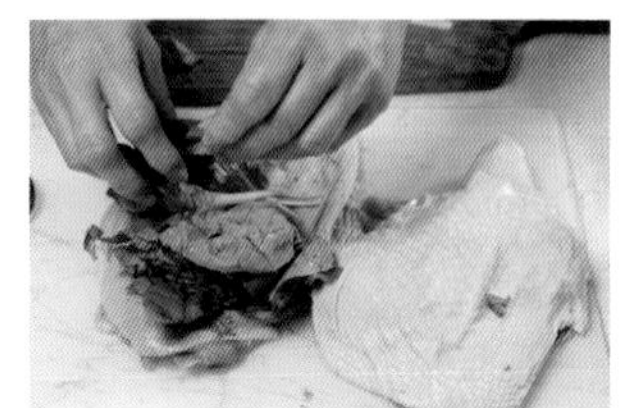

營養素占比

營養素	重量（克）	熱量比例
脂肪	138.46	54.17%
蛋白質	261.74	45.51%
總碳水化合物	8.05	
膳食纖維	3.175	
淨碳水化合物	0.758	0.32%

水晶老師的廚房筆記

雞腿搭配菠菜，有不可言喻的好味道。我很愛菠菜，因為菠菜營養價值高。菠菜快煮、方便，又營養。含有大量的 β 胡蘿蔔素、維生素 B6 及葉酸。

主菜
12

鹽滷雞翅、雞腳

材料：

雞翅 8支
雞腳 8支
洋蔥 1/2顆
蒜頭 3瓣
八角 1顆
月桂葉 2片
水 300ml
鹽 1小匙
白胡椒粒 1大匙

作法：

1. 將雞翅、雞腳洗淨，備用。
2. 洋蔥切塊，蒜頭剝皮。
3. 取壓力鍋，依序放入雞翅、雞腳、洋蔥、蒜頭、八角、月桂葉、鹽、白胡椒粒、水，蓋上鍋蓋，開大火。
4. 設定6分鐘，時間到關火。
5. 洩完壓後，開蓋，取出盛盤即可食用。
6. 煮雞翅與雞腳的湯汁可以加上蔥花、香菜、高麗菜變成好喝的雞湯。

營養素占比

營養素	重量（克）	熱量比例
脂肪	89.52	58.80%
蛋白質	135.68	39.61%
總碳水化合物	7.74	
膳食纖維	2.32	
淨碳水化合物	5.42	1.59%

水晶老師的廚房筆記

雞腳、雞翅應該是我廚房常常出現的一道菜。特別愛啃雞腳，因為它含有豐富的膠質；而翅膀的肉質甜美，也是我的菜色中常出現的好食材。

主菜 13  雞肉

咖哩雞

材料：

去骨雞腿肉 2支
紅蘿蔔 1根
番茄 2顆
洋蔥 1顆
咖哩粉 4大匙
鹽 1小匙
胡椒 適量
芝麻油 6大匙
紅椒風味酪梨 4大匙

作法：

1. 雞腿肉切小塊，紅蘿蔔、番茄、洋蔥滾刀切塊。
2. 取平底鍋，倒入芝麻油，開中火。
3. 放入洋蔥、紅蘿蔔、番茄炒軟。
4. 再放入雞肉續炒。
5. 撒入鹽、咖哩粉、胡椒繼續拌炒均勻。
6. 蓋上鍋蓋，開大火。待壓力棒升至第二條線，轉小火。設定10 分鐘。卸完壓後，打開鍋蓋；盛盤後，淋上酪梨油，即可食用。

營養素占比

營養素	重量(克)	熱量比例
脂肪	104.02	42.69%
蛋白質	268.23	48.93%
總碳水化合物	62.25	
膳食纖維	16.34	
淨碳水化合物	45.91	8.37%

水晶老師的廚房筆記

生酮可以吃咖哩嗎？當然啦！生酮的人，什麼都可以吃，讓我們用不同的方法，做出一樣美味的好吃咖哩吧！

Chapter 4
要學會的便當主菜

主菜 14 牛、羊肉

菠菜牛肉卷

材料：

火鍋牛肉片 2盒
菠菜 100克
鹽 1小匙
胡椒 適量
迷迭香風味酪梨油 1大匙

作法：

1. 菠菜洗淨，泡熱水約1分鐘，取出放涼後，切6段。
2. 取火鍋牛肉片，放一些菠菜段，捲起。
3. 取鍋，開中火，放入牛肉卷，約30秒即可翻成另一面。
4. 撒鹽、胡椒，再淋上迷迭香酪梨油即可。

營養素占比

營養素	重量(克)	熱量比例
脂肪	198.80	89.36%
蛋白質	52.61	10.51%
總碳水化合物	2.64	
膳食纖維	1.99	
淨碳水化合物	0.65	0.13%

水晶老師的廚房筆記

看似平常的一道主菜，卻深獲我的心。牛肉的香甜與菠菜的結合，真的好百搭。最重要是，這道菜不到 5 分鐘，就可以完成，是一道標準的宴會好菜。

主菜 15 牛、羊肉

蒜香羊肉片

材料：

羊肉火鍋片 2盒
蒜頭 3瓣
奶油 10克
香辣淋醬 3匙（參考P.151作法）

作法：

1. 蒜頭切片。
2. 取鍋，開中火，放入奶油，變軟融化後，放入蒜片。
3. 蒜片顏色變黃色後，放入羊肉片。
4. 略炒後，即可取出。
5. 淋上香辣淋醬，拌勻即可。

營養素占比

營養素	重量（克）	熱量比例
脂肪	198.80	89.36%
蛋白質	52.61	10.51%
總碳水化合物	2.64	
膳食纖維	1.99	
淨碳水化合物	0.65	0.13%

水晶老師的廚房筆記

大部分人吃羊肉，都是到餐館才能吃到。其實，自己買火鍋片回來，簡單的炒一下，就是一道很棒的料理。

主菜
16

牛、羊肉

香燉牛腱

材料：

牛腱 1條
洋蔥 1顆
咖哩葉 1支
鹽 1大匙
水 500ml
蔥 2支
紅椒風味酪梨油 50ml

作法：

1. 牛腱洗淨，洋蔥切塊，蔥洗淨切末。
2. 將牛腱、洋蔥、咖哩葉、鹽、水放入壓力鍋。
3. 蓋上鍋蓋，開大火，上壓後，設定20分鐘。
4. 洩壓後，開蓋，取出牛腱，放入冰箱約20分鐘(這樣比較好切)。
5. 切片，撒上蔥花，淋上酪梨油即可。

營養素占比

營養素	重量(克)	熱量比例
脂肪	71.18	64.76%
蛋白質	68.78	27.81%
總碳水化合物	21.62	
膳食纖維	3.26	
淨碳水化合物	18.36	7.42%

水晶老師的廚房筆記

每次到餐館吃飯，總要切一盤滷味，我都會特別要切牛腱。因為帶筋，特別有咬勁。但是，有個缺點，就是外面餐館的牛腱總是滿滿的醬香。我不愛醬油，所以採用鹽滷，給了牛腱最棒的味道。

主菜 17 牛、羊肉

香煎牛小排

材料：

牛小排 800公克(4片)
迷迭香 2支
蒜頭 4瓣
海鹽 1小匙
迷迭香酪梨油20ml

作法：

1. 牛小排完全解凍後，洗淨，擦乾；蒜頭去皮，迷迭香洗淨。
2. 取鍋，開中火。
3. 倒入酪梨油，同時放入迷迭香、蒜頭。
4. 香氣飄出後，放入牛小排，大約2分鐘(三分熟)。
5. 轉小火，翻面再煎2分鐘。
6. 取出後，撒鹽、淋油即可上桌。

營養素占比

營養素	重量（克）	熱量比例
脂肪	321.47	88.22%
蛋白質	94.29	11.50%
總碳水化合物	2.85	
膳食纖維	0.56	
淨碳水化合物	2.29	0.28%

水晶老師的廚房筆記

牛排，誰不會煎呢？我知道！只要買好的部位，油脂夠多，即使冷了、煎太熟了，都還是好吃；那當然要選牛小排啦！油脂多，口感鮮嫩。宴客、帶便當都是個好菜！

主菜 18

蒜烤鮭魚

材料：

鮭魚肚 1片(300克)
大蒜 5瓣
大蒜醬 6大匙 (參考大蒜醬作法P.156)
檸檬風味酪梨油 30ml
胡椒 適量

作法：

1. 鮭魚洗淨擦乾，大蒜去皮切片。
2. 均勻塗抹大蒜醬在鮭魚面上。
3. 取烤盤，鋪上大蒜片，再放鮭魚，淋上酪梨油。
4. 放入烤箱，190℃烤20分鐘。
5. 烤好取出，撒上胡椒粉即可。

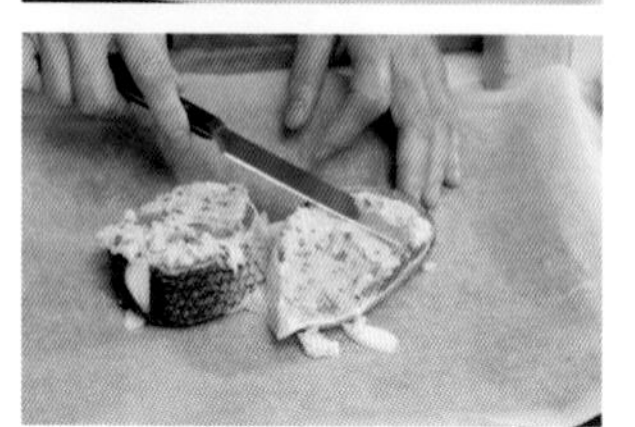

營養素占比

營養素	重量(克)	熱量比例
脂肪	76.42	70.76%
蛋白質	63.98	26.33%
總碳水化合物	8.475	
膳食纖維	1.39	
淨碳水化合物	7.085	2.91%

水晶老師的廚房筆記

鮭魚是生酮的好夥伴。與自製的大蒜醬一起烤，不但提升了鮭魚的甜味，也讓原本辛辣的大蒜醬變成甘甜。簡單料理，味道卻不簡單。試試看，這是一道漂亮的宴會菜。

主菜 19 海鮮

鮭魚夾心

材料：

鮭魚肚 400克，橫切片
菠菜 200克
鹽 1小匙
迷迭香風味橄欖油 45ml
酸奶 30ml
玫瑰花瓣 適量

作法：

1. 鮭魚洗淨，擦乾，將中間切開口。
2. 菠菜洗淨，切6段，用熱水燙過。
3. 將菠菜塞入鮭魚的開口。
4. 撒鹽，塗上酸奶，再撒上玫瑰花瓣。
5. 烤箱設定200℃，放入處理好的鮭魚，烤30分鐘。
6. 時間到即可取出，擺盤。

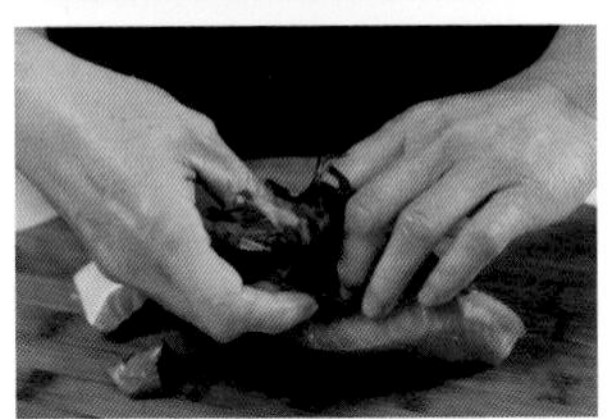

營養素占比

營養素	重量（克）	熱量比例
脂肪	96.65	70.18%
蛋白質	88.94	28.7%
總碳水化合物	7.31	
膳食纖維	3.84	
淨碳水化合物	3.47	1.12%

水晶老師的廚房筆記

這道菜，是我大學同學的媽媽做給我吃的，這是一道伊朗菜(雖然伊朗不產鮭魚，有可能是因為到了美國，原本的魚肉被換成油脂豐富的鮭魚)。鮭魚中間夾了菠菜，上層塗上厚厚的酸奶，再撒上玫瑰花瓣。我覺得吃這道菜時，真的好像小公主啊！

主菜 20 海鮮

香煎虱目魚

材料：

虱目魚 2片
檸檬風味酪梨油 30ml
鹽 1小匙
胡椒 1小匙

作法：

1. 虱目魚洗淨，擦乾。
2. 取鍋，開中火。
3. 倒入檸檬酪梨油，同時放入虱目魚(魚皮面先下)。
4. 等到單面有點焦黃，翻面。
5. 轉小火，撒上鹽、胡椒，大約5分鐘，即可關火，盛盤上桌。

營養素占比

營養素	重量(克)	熱量比例
脂肪	93.29	63.76%
蛋白質	118.86	36.10%
總碳水化合物	0.67	
膳食纖維	0.22	
淨碳水化合物	0.45	0.14%

水晶老師的廚房筆記

台南盛產的虱目魚，是我心目中的好魚。油脂多、肚夠肥、肉夠嫩，不把它當成主菜，怎麼行呢？煎魚好難？其實不會！煎魚時，要有耐性。等到焦黃再翻面，就不會醜醜的呦！

主菜
21 海鮮

法式烤魚

材料：

午仔魚(或黑喉，或各式魚種) 2尾
蘋果 1顆
洋蔥 1顆
檸檬 1顆
青蔥 2根
紅蘿蔔 1/2根
櫛瓜 2根
迷迭香 2支
咖哩葉 1支
奶油 15克
檸檬風味酪梨油 30克
鹽1 小匙
胡椒 適量

營養素占比

營養素	重量(克)	熱量比例
脂肪	88.75	75.17%
蛋白質	15.11	5.69%
總碳水化合物	63.49	
膳食纖維	12.64	
淨碳水化合物	50.85	19.14%

水晶老師的廚房筆記

超級美艷動人的法式烤魚，真的是一道宴會料理。烤魚的同時，底下鋪了滿滿各種不同的蔬菜，讓魚更為鮮甜。宴會菜，就是看起來厚工，其實簡單。這道法式烤魚，絕對是你宴客時，必備好菜。

作法：

1. 魚洗淨，擦乾。
2. 蔥切段、蘋果去心切片、檸檬切片、洋蔥切絲、櫛瓜對切、紅蘿蔔切片。
3. 將蔥與檸檬片塞入魚鰓中。
4. 取烤盤，鋪上蘋果片、剩餘的洋蔥絲與青蔥絲，放上魚，再淋酪梨油。
5. 再放入紅蘿蔔與櫛瓜，撒鹽、胡椒。
6. 魚身上可以放檸檬片、蘋果片與奶油。
7. 烤箱設定200度，放入魚盤，烤25分鐘即可。

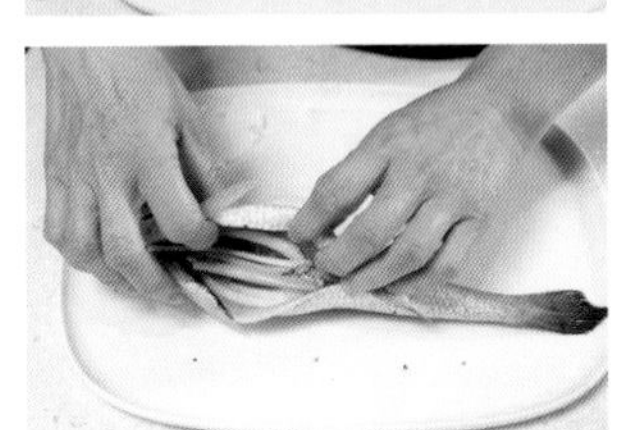

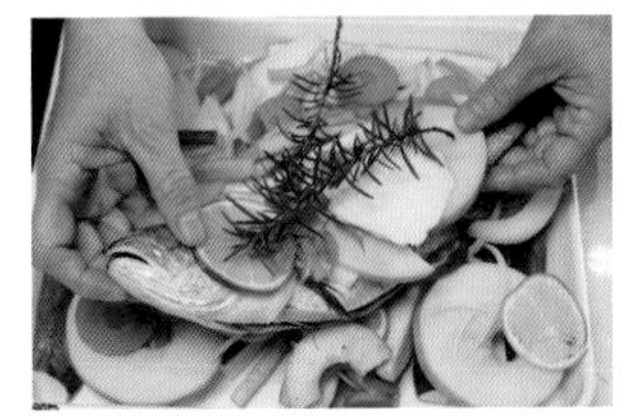

主菜
22 海鮮

蒜味蛤蠣

材料：

大蒜 10瓣
蛤蠣 1斤
九層塔 1小把
白酒 (或水)30ml
大蒜風味橄欖油 45ml

作法：

1. 大蒜切末。
2. 取鍋，開大火，倒油，同時放入大蒜末。
3. 待香味釋出，再放入蛤蠣、白酒(水)。
4. 蓋上鍋蓋，等蛤蠣一顆顆打開後，開鍋蓋。
5. 放入九層塔，關火，即可上桌。

營養素占比

營養素	重量(克)	熱量比例
脂肪	47.50	62.67%
蛋白質	45.82	26.87%
總碳水化合物	17.97	
膳食纖維	0.12	
淨碳水化合物	17.85	10.47%

水晶老師的廚房筆記

蒜味蛤蠣，簡單、不失風味。乾炒，加水煮湯，都是一道很棒的料理。

主菜
23

煙燻鮭魚卷

材料：

燻鮭魚 8片
洋蔥 20克
蒔蘿 適量
鹽 適量
迷迭香風味酪梨油 20ml

作法：

1. 洋蔥切絲。
2. 取燻鮭魚片，放入洋蔥絲，捲起。
3. 撒鹽、蒔蘿，並淋上迷迭香風味酪梨油。

營養素占比

營養素	重量（克）	熱量比例
脂肪	49.13	73.07%
蛋白質	38.82	25.66%
總碳水化合物	2.28	
膳食纖維	0.37	
淨碳水化合物	1.91	1.26%

水晶老師的廚房筆記

有時候，一道小主菜，配上一杯好茶、好咖啡(或是好啤酒)真的很重要。煙燻鮭魚，就有這種特殊的魅力。淡淡的煙燻味，搭上蒔蘿與迷迭香，百分之百絕配。

主菜
24

鹽焗鮮蝦

材料：

鮮蝦 1/2斤
鹽 1大匙
橄欖油 50ml

作法：

1. 洗淨鮮蝦，將鬚、腳剪除。
2. 取鍋，開大火，將鹽巴平均灑在鍋底。
3. 放入鮮蝦，轉小火。
4. 待鮮蝦轉紅時，翻面。
5. 再轉紅後，即可關火。
6. 剝殼後，淋上橄欖油即可。

營養素占比

營養素	重量(克)	熱量比例
脂肪	51.22	64.23%
蛋白質	64.17	35.77%
總碳水化合物	0	
膳食纖維	0	
淨碳水化合物	0	-

水晶老師的廚房筆記

大家都愛吃蝦，我也不例外。但其實我更愛蝦殼。每次煮蝦時，我會特別留下蝦殼煮湯，除了相傳可以減肥的「蝦殼素」，還有高單位的「蝦青素」，超級抗氧化呢！所以下次不要把蝦殼丟掉，把殼煮一煮，將湯喝掉，營養價值超棒！

主菜
25 海鮮

烤中卷鑲肉

材料：

中卷 2尾
絞肉 150克
洋蔥 1/4顆
番茄 1/2顆
紅蘿蔔 1/4根
鹽 1小匙
咖哩粉 1大匙
檸檬風味酪梨油 50ml

作法：

1. 洋蔥切末，番茄切丁，紅蘿蔔切丁。
2. 取鍋，倒入酪梨油，將洋蔥、番茄、紅蘿蔔炒軟，再放入絞肉炒熟，撒入咖哩粉，餡料備用。
3. 取中卷，將絞肉餡塞入中卷。
4. 取牙籤，串封住中卷口。
5. 放入烤盤，以190℃烤10分鐘即可。
6. 放涼後，切成風琴狀。

 營養素占比

營養素	重量(克)	熱量比例
脂肪	78.42	55.08%
蛋白質	93.6	29.22%
總碳水化合物	55.85	
膳食纖維	5.57	
淨碳水化合物	50.28	15.70%

 水晶老師的廚房筆記

中卷，肉質甜美，煮一煮切片，就好吃了。但是，我喜歡簡單的變化，讓大家驚豔。塞入絞肉(當然也可以塞蝦、魚、牛或起司)，一口中卷中有淡淡的咖哩香氣，馬上讓客人對你肅然起敬！

水晶廚房

Chapter

5

讓你意想不到的 無澱粉主食

很多人會問我，「我好愛吃麵包、麵、米飯，我怎麼可能戒掉啊？！」「我會吃不飽！」有可能呦！剛開始，真的很難說服自己不吃傳統主食。但後來想想，不會呦，「傳統」是可以被改變的。如果我們將主食做成像「傳統」樣子，可以嗎？那麼，就讓我們來試試這不同以往的 25 道主食，顛覆了你的想像，更讓你的「眼睛」吃飽、「腦」也飽。

前幾道是以乳酪為主。可能很多人會問我：「為什麼是乳酪呢？」第一，我實在太愛吃乳酪了；第二，當我們在吃傳統的米飯主食，不也是以菜色變化，來讓米飯變得不一樣？

後幾道以中式的主食為主，即使不能吃傳統麵食，我特別做了一款「麵皮」，不需任何粉，也可以享受好吃的蔥油餅、韭菜盒子等，讓大家不只大飽眼福，更是填飽自己的胃。

主食
01 菠蘿麵包

材料：

蛋 4顆
瑞可達(Ricotta)乳酪 68克
(參考P.158瑞可達乳酪)
奶油 5克

作法：

1. 將蛋分成蛋白與蛋黃。
2. 蛋黃、奶油、瑞可達乳酪拌勻。
3. 蛋白打發。
4. 慢慢以「搓」的方式，將蛋白分三次與蛋黃液拌勻。
5. 烤箱以180℃預熱。
6. 取紙模，倒入混合好的蛋液。
7. 放入烤箱，烤12分鐘即可。

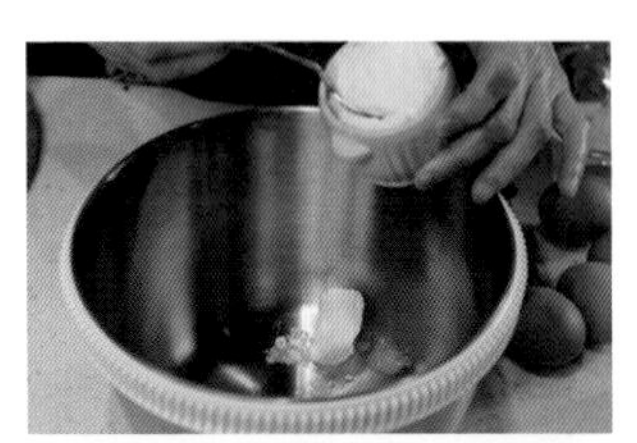

營養素占比

營養素	重量(克)	熱量比例
脂肪	30.16	63.69%
蛋白質	32.65	30.65%
總碳水化合物	6.03	
膳食纖維	0	
淨碳水化合物	6.03	5.66%

水晶老師的廚房筆記

自己做的瑞可達乳酪，味道好清甜。與蛋結合後，沒想到做起來有點像菠蘿麵包。不需要任何粉，也能餵飽你的胃。

主食

02 法式吐司麵包

材料：

蛋 4顆
奶油乳酪(Cream Cheese) 120克
奶油 120克
肉桂粉 2小匙

作法：

1. 將蛋、奶油乳酪、奶油、肉桂粉打勻。
2. 烤箱以180℃預熱。
3. 取紙模，倒入混合均勻的蛋液。
4. 放入烤箱，烤12分鐘即可。

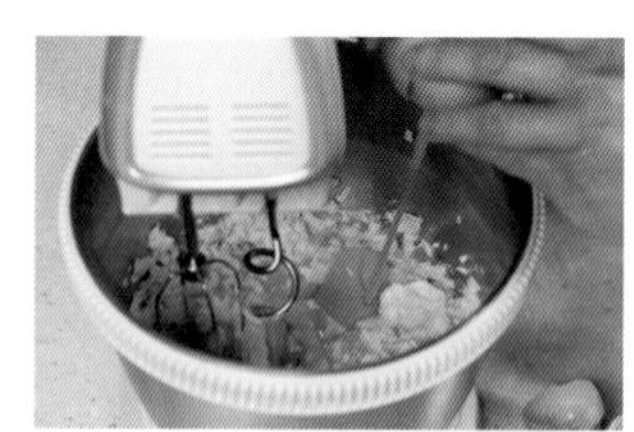

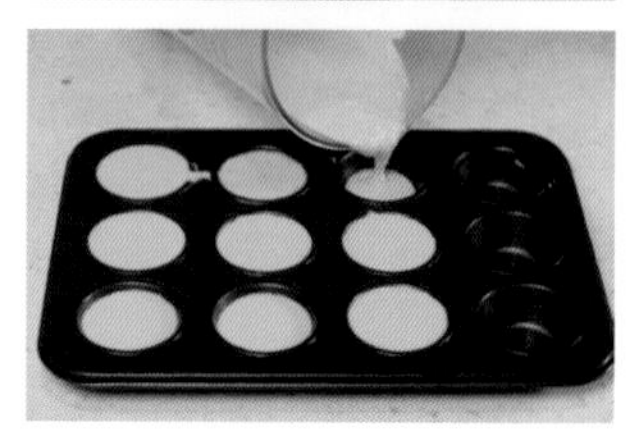

營養素占比

營養素	重量(克)	熱量比例
脂肪	157.73	89.07%
蛋白質	33.29	8.35%
總碳水化合物	10.27	
膳食纖維	--	
淨碳水化合物	10.27	2.58%

水晶老師的廚房筆記

法式吐司最主要有三個味道：奶油、蛋與肉桂粉。這款不需麵粉的主食，吃起來好有法式吐司的風味，因為只有奶油、蛋、以及肉桂粉。味道越單純，口感越純粹，吃起來超級滿足。

主食

03 墨式起司餅

材料：

蛋白 2個

墨西哥辣椒(Jerky)起司200克

作法：

1. 乳酪切碎。
2. 與蛋白混合。
3. 取蛋糕小膜，倒入混合好的乳酪。
4. 放入烤箱，以190℃烤15-20分鐘，或變成咖啡色。
5. 放涼後，切片即可食用。

營養素占比

營養素	重量(克)	熱量比例
脂肪	60.10	69.83%
蛋白質	48.62	24.11%
總碳水化合物	9.79	
膳食纖維	--	
淨碳水化合物	9.79	5.06%

水晶老師的廚房筆記

墨西哥飲食中，辣椒是非常重要的一環，可謂無辣不歡。因為辣椒的原生地，就是墨西哥與中美洲地區。這款餅是由辣椒起司做成的，微微的辣椒與蛋白結合，成了一個特殊口感的主食。

主食

04 起司貓耳朵

材料：

莫札瑞拉(Mozzarella)起司 200g
蛋白 2顆
香料 1小匙
胡椒 1小匙
紅椒風味酪梨油 1大匙

作法：

1. 將莫札瑞拉起司切碎，與蛋白混合。
2. 倒入香料、胡椒、紅椒風味酪梨油，攪拌均勻。
3. 取小蛋糕模，每個模型放入1湯匙左右的混合液。
4. 烤箱設定190℃，烤10分鐘。
5. 時間到取出，放冷即可食用。

營養素占比

營養素	重量(克)	熱量比例
脂肪	55.36	68.42%
蛋白質	50.80	27.90%
總碳水化合物	8.39	
膳食纖維	1.70	
淨碳水化合物	6.69	3.67%

水晶老師的廚房筆記

為菜取名時，有時候覺得要取得有趣，這樣做菜時才會有特殊的情感，而貓耳朵就是這樣得名的。白色的莫札瑞拉起司與香料結合，加上了紅椒風味酪梨油，特別能感受到，幫貓搔癢耳朵的那種愉悅的神情。

主食
05 香酥起司燒

材料：

愛梅塔(Emmental)起司60克
哈瓦提(Havati)起司40克
蛋白 2顆
香菜 10葉
九層塔 10葉
迷迭香風味酪梨油 1大匙

作法：

1. 愛梅塔與哈瓦提切碎。
2. 加入蛋白、香菜、九層塔、迷迭香風味酪梨油攪拌均勻。
3. 取小蛋糕模，每個小模放入1湯匙左右的混合液。
4. 烤箱設定190℃，烤10分鐘。
5. 時間到取出，放冷即可食用。

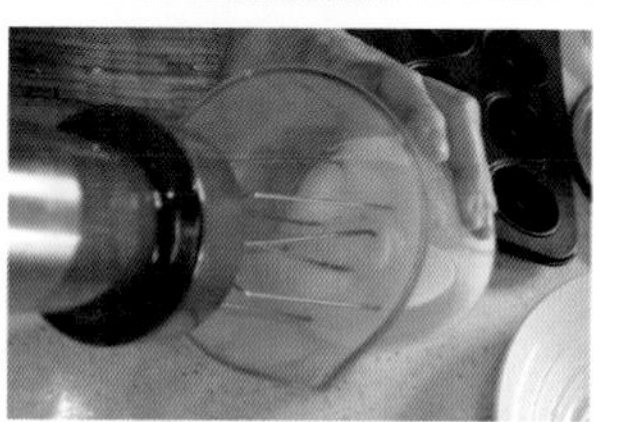

營養素占比

營養素	重量(克)	熱量比例
脂肪	42.85	94.60%
蛋白質	0.75	0.74%
總碳水化合物	5.73	
膳食纖維	0.98	
淨碳水化合物	4.75	4.66%

水晶老師的廚房筆記

兩種乳酪，加上香菜與九層塔，其實有點像香料麵包。特殊香氣，讓你一口接一口。

主食
06 乳酪三重奏

材料：

莫札瑞拉(Mozzarella)起司100克

墨西哥辣椒(Jerky)起司50克

哈瓦提(Havati)起司50克

作法：

1. 將各式乳酪切碎。
2. 混合均勻後，取烤盤，鋪上一張烤紙，將乳酪鋪平。
3. 烤箱設定170℃，烤20分鐘。
4. 烤好取出，放冷後切成小片。

營養素占比

營養素	重量（克）	熱量比例
脂肪	251.80	91.77%
蛋白質	47.85	7.75%
總碳水化合物	2.93	
膳食纖維	--	
淨碳水化合物	2.93	0.47%

水晶老師的廚房筆記

脆脆酥酥又帶點辣椒的香氣，就像一首莫札特迷人的三重奏樂章，悲歡離合，化在嘴中的好滋味。這可以當主食，也可以當成餅乾零嘴，更是下午茶的好點心。

主食
07
乳酪披薩餅

材料：

餅皮(可作3片)
蛋 2顆
莫札瑞拉(Mozzarella)起司100克
綜合香料 1/2小匙

鋪料：

蘑菇 6朵
菠菜 50克
洋蔥 1/4顆
帕瑪森(Parmesan)起司 30克
胡椒 適量
番茄醬 3大匙(參考P.150作法)

營養素占比

營養素	重量(克)	熱量比例
脂肪	54.49	60.65%
蛋白質	61.14	25.72%
總碳水化合物	32.34	
膳食纖維	7.23	
淨碳水化合物	25.11	12.63%

水晶老師的廚房筆記

愛吃 pizza 怎麼辦呢？沒問題！這次我特別做了一款不需任何粉的 Pizza 餅皮，把這張餅皮當成平常烤餅也可以呦。佐料部分可以隨意自己變化，加肉片、海鮮、各式蔬菜都可以。

作法：

1. 將莫札瑞拉切成細絲，放入碗中，與綜合香料拌勻。
2. 放入烤箱，設定190℃，烤15分鐘。
3. 菠菜洗淨切段、蘑菇切片。
4. 取出烤好的披薩餅皮，先抹番茄醬、鋪上菠菜、洋蔥、蘑菇，撒胡椒、乳酪。
5. 烤箱設定190℃，再烤10分鐘。

主食
08 花椰菜米

材料：

白花椰菜 2杯
洋蔥 15克
蒜頭 1大匙
鹽 1小匙
羅勒 5葉
豬油 2大匙

作法：

1. 將花椰菜以攪拌機攪碎。
2. 洋蔥、蒜頭、羅勒葉切末。
3. 取鍋，倒入豬油，開中火，放入洋蔥、蒜頭末，待顏色變微黃，放入花椰菜。
4. 撒鹽及羅勒葉末，拌炒即可關火，盛盤。

營養素占比

營養素	重量（克）	熱量比例
脂肪	30.54	60.95%
蛋白質	8.52	14.81%
總碳水化合物	22.90	
膳食纖維	8.95	
淨碳水化合物	13.95	24.24%

水晶老師的廚房筆記

我很愛花椰菜的香甜可口。攪得碎碎的，也很有味道。 拿來當成米飯，淋上不同醬料，有不一樣的味道呦。

主食
09 白花椰菜餅

材料：

白花椰菜米 2杯
羅勒葉 1匙
奧樂岡葉 1匙
大蒜末 3瓣
帕瑪森(Parmesan)起司 1/2杯(切碎)
莫札瑞拉(Mozzarella)起司1/2杯(切碎)
蛋 1顆

作法：

1. 將花椰菜米以鹽逼出水分，瀝乾。
2. 放入所有食材攪拌均勻。
3. 取一個烤盤，將花椰菜糊倒入鋪平。
4. 放入烤箱，設定190℃，烤25分鐘。
5. 取出放涼後切四片。

營養素占比

營養素	重量(克)	熱量比例
脂肪	84.24	66.80%
蛋白質	75.54	26.62%
總碳水化合物	28.80	
膳食纖維	10.14	
淨碳水化合物	18.66	6.58%

水晶老師的廚房筆記

有時候，就是想吃不一樣的主食。除了米，可以做餅嗎？當然！加上了乳酪、蛋，花椰菜米立刻變身為厚實的餅。不但好吃，更有飽足感。

主食
10 綠能三明治

材料：
綠花椰菜 1朵
蛋 2顆
莫札瑞拉(Mozzarella)起司1/2杯
鹽 1小匙
厚片切達(Cheddar)起司 2片
大蒜風味酪梨油30ml

作法：
1. 將綠花椰菜以攪拌機攪碎。
2. 加入1小匙鹽，待5分鐘，取布，擠乾。
3. 將莫札瑞拉起司、蛋、綠花椰菜攪拌均勻。
4. 取烤盤，放一張烤盤紙將綠花椰菜鋪平。
5. 放入烤箱，設定190℃，烤20分鐘。
6. 取出後，放涼。切成四片。
7. 取兩片，將切達乳酪放在兩片中間，淋上大蒜風味酪梨油即可。

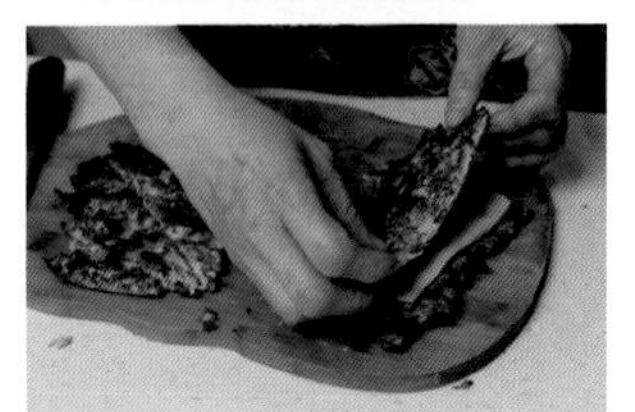

營養素占比

營養素	重量（克）	熱量比例
脂肪	74.95	68.09%
蛋白質	66.76	26.95%
總碳水化合物	30.82	
膳食纖維	18.54	
淨碳水化合物	12.28	4.96%

水晶老師的廚房筆記

三明治，也能有不同風味呦！以綠花椰菜做成三明治的餅皮，再夾上厚厚的乳酪，真的是很飽足的一道主食。

主食

11 小黃瓜麵

材料：

小黃瓜 2條

作法：

1. 以可以刨成細絲的削皮刮刀，將小黃瓜刨成麵條狀。
2. 以醬料涼拌即可(醬料請參考醬料篇)。

營養素占比

營養素	重量(克)	熱量比例
脂肪	0.76	17.26%
蛋白質	3.76	37.94%
總碳水化合物	9.56	
膳食纖維	5.12	
淨碳水化合物	14.63	44.8%

水晶老師的廚房筆記

眼睛看的常常比傳導到腦的印象快很多。將小黃瓜變身成為細絲麵條狀，讓眼睛告訴腦，「我在吃麵條」也是個很棒的方法。

主食

12 涼拌櫛瓜麵

材料：

櫛瓜2條

橄欖油10ml

作法：

1. 以可以刨成細絲的削皮刮刀，將櫛瓜刨成麵條狀。
2. 取鍋，開大火。
3. 倒入橄欖油，放入櫛瓜麵，略炒，大概2分鐘即可。
4. 再佐以醬料拌勻即可(醬料請參考醬料篇)

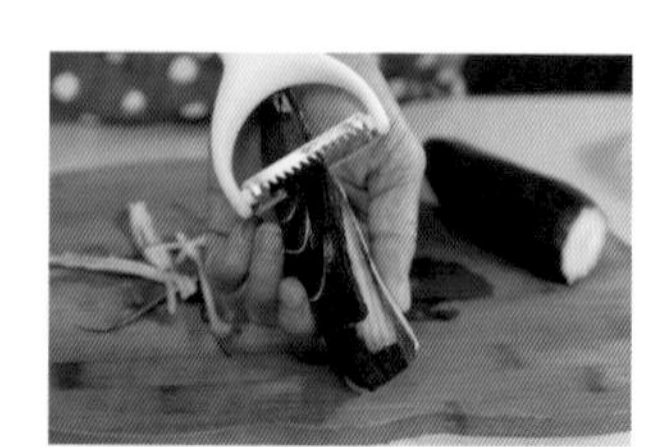

營養素占比

營養素	重量(克)	熱量比例
脂肪	10.1	77.1%
蛋白質	1.2	4.0%
總碳水化合物	6.6	
膳食纖維	1.0	
淨碳水化合物	5.6	18.9%

水晶老師的廚房筆記

到歐洲或美國，我好喜歡櫛瓜。不論是炸的、烤的、煎的。這次當然也要有櫛瓜麵當成主食囉。

主食
13 櫛瓜三明治

材料：

櫛瓜(也可以使用小黃瓜) 1根
香腸 2根
莫札瑞拉(Mozzarella)起司 40克
番茄 對切4片
小黃瓜 4片
奶油乳酪(Cream Cheese) 4小匙
酪梨油 1匙

作法：

1. 櫛瓜直向切成8片。
2. 取鍋，倒入酪梨油，略煎櫛瓜2分鐘。
3. 香腸以200℃烤20分鐘，直向切4片。
4. 莫札瑞拉切成4片，1片櫛瓜、塗上1小匙奶油乳酪，鋪上番茄、小黃瓜、香腸、莫札瑞拉起司，再放上櫛瓜，以牙籤固定即可。

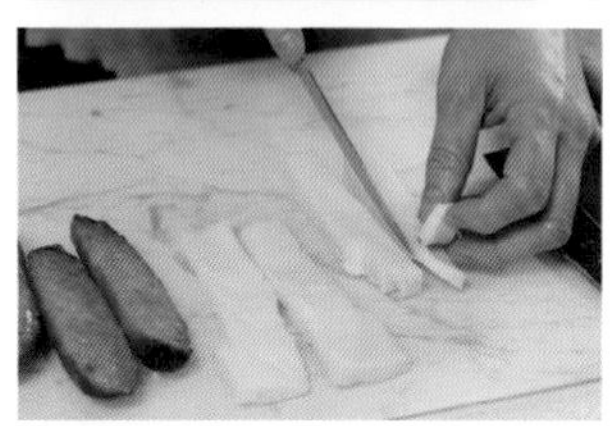

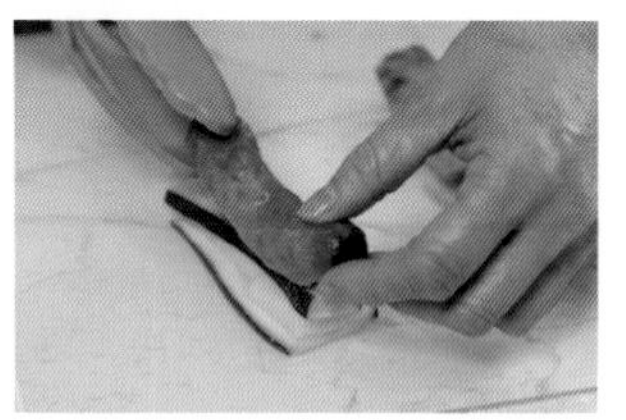

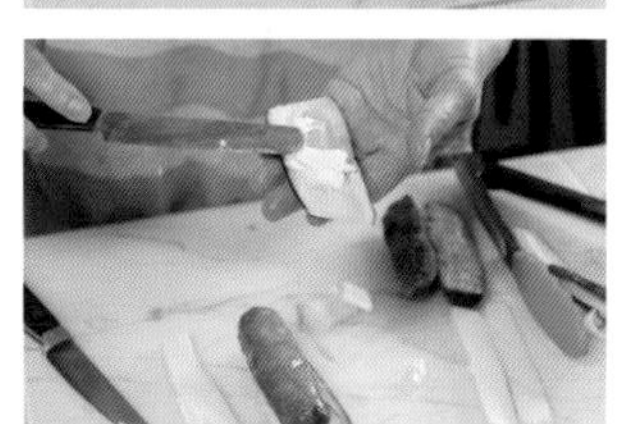

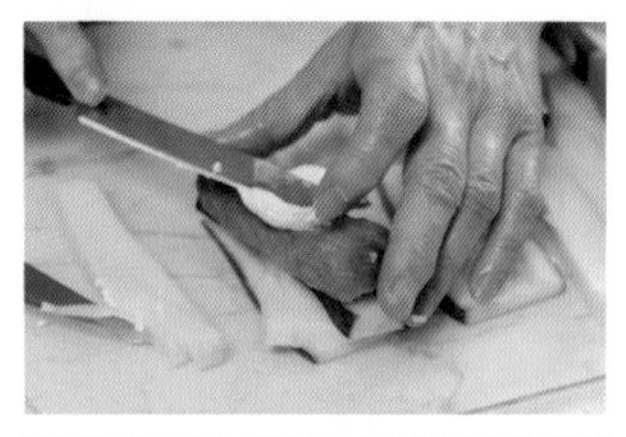

營養素占比

營養素	重量（克）	熱量比例
脂肪	84.32	77.88%
蛋白質	38.22	15.69%
總碳水化合物	20.46	
膳食纖維	4.78	
淨碳水化合物	15.68	6.44%

水晶老師的廚房筆記

誰說三明治只能用麵包呢？不妨試試櫛瓜，清爽！炎熱的台灣，非常適合這款清爽的好食物。

主食
14 塔可盒

材料：

墨西哥辣椒(Jerky)起司 8片
香菜 3小匙
檸檬 1顆
紅洋蔥 3小匙
火腿片 2片(參考P.42主菜〈香料烤梅花豬〉)
番茄 1顆
胡椒 1小匙
酸奶 1大匙

營養素占比

營養素	重量（克）	熱量比例
脂肪	371.45	63.16%
蛋白質	473.02	35.75%
總碳水化合物	18.59	
膳食纖維	4.13	
淨碳水化合物	14.46	1.09%

水晶老師的廚房筆記

塔可 (Taco) 這種風行全球的墨西哥名點，其實是美國發明的墨西哥食物。一般要用麵粉才能做成的餅，我們以起司替代。淡淡的黃色，讓人食指大動，加上酸奶與檸檬，就像置身在南加州的太陽底下，享受陽光。

作法：

1. 取烤盤，鋪上烤紙，放墨西哥辣椒起司片(片與片之間要拉開距離)，烤箱設定180℃，烤7-8分鐘。
2. 將香菜、番茄、紅洋蔥、火腿片切碎、拌勻，淋上檸檬汁，撒上胡椒。
3. 將烤過的起司片折成杯狀，放入冰箱定型。
4. 將拌好的沙拉放入墨西哥辣椒起司塔可杯，再放一點酸奶，即可。

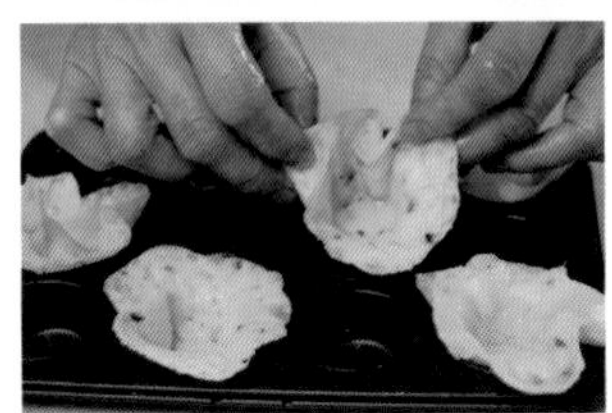

主食
15 培根餅

材料：

愛梅塔(Emmental)起司 50克
切達(Cheddar)起司 50克
培根 50克

作法：

1. 烤箱設定200℃。
2. 將兩種起司和培根切碎。
3. 取烤盤，鋪上烤紙。將起司混合後，鋪在烤紙上，再撒上培根。
4. 放進烤箱，烤15分鐘。
5. 取出放涼，用剪刀剪成三角狀。

營養素占比

營養素	重量（克）	熱量比例
脂肪	47.42	74.50%
蛋白質	33.17	23.16%
總碳水化合物	3.35	
膳食纖維	--	
淨碳水化合物	3.35	2.34%

水晶老師的廚房筆記

我很少買市售的培根，都是到市場買切好的無調味培根片。與起司搭配，清爽不油膩。

主食
16 蛋餅皮

材料：

蛋4顆

奶油乳酪(Cream Cheese) 75克

作法：

1. 將奶油乳酪打軟。
2. 加入蛋，打勻即可。
3. 取不沾鍋，開大火，倒入蛋液時，轉小火，以大湯匙舀2匙，待邊緣開始變色，慢慢拿起翻面即可。

營養素占比

營養素	重量(克)	熱量比例
脂肪	47.42	74.50%
蛋白質	33.17	23.16%
總碳水化合物	3.35	
膳食纖維	--	
淨碳水化合物	3.35	2.34%

水晶老師的廚房筆記

這是一張非常特別的餅皮。我試了許許多多的組合，最後發現這個比例最完美。雖然是以蛋為基礎，卻是能成為中式餅皮的配方。有了這張餅皮，你可以輕鬆做出韭菜盒子、蔥油餅、酪梨卷、豬肉餡餅等，即使對麩質過敏的人，也可以盡情享用。

主食 17
酪梨卷

材料：

蛋餅皮：參考 P.124 作法

酪梨醬：參考 P.146 作法

作法：

取一張煎好的蛋餅皮，放入酪梨醬，捲起即可食用。

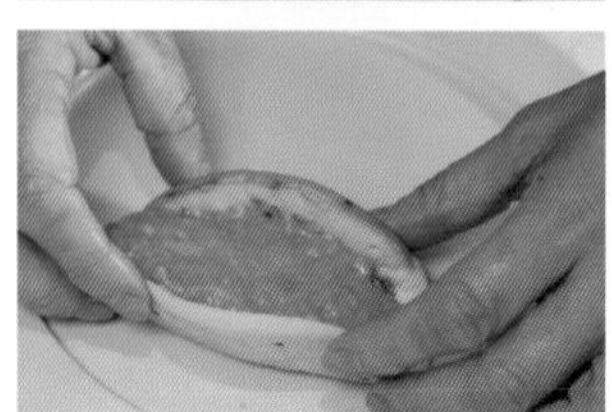

營養素占比

營養素	重量（克）	熱量比例
脂肪	51.69	74.89%
蛋白質	12.76	8.22%
總碳水化合物	39.09	
膳食纖維	12.86	
淨碳水化合物	26.23	16.89%

主食

18 蔥油餅

材料：

蛋 4顆
奶油乳酪(Cream Cheese) 75克
蔥 3支、鹽 1小匙
芝麻油 3大匙

營養素占比

營養素	重量(克)	熱量比例
脂肪	193.74	79.26%
蛋白質	101.67	18.49%
總碳水化合物	13.02	
膳食纖維	0.65	
淨碳水化合物	12.37	2.25%

作法：

1. 先將乳酪打軟，再加入蛋，打勻。
2. 蔥切末，與芝麻油、鹽、蛋液攪拌均勻。
3. 取鍋，開大火加熱鍋子，以大湯匙取1匙蛋液，倒入鍋子，轉中火。
4. 當周圍呈現焦狀，小心翻面，大約3分鐘後，即可取出。

plate

主食
19 韭菜盒

材料：

蛋餅皮：

蛋 4顆

奶油乳酪(Cream Cheese) 75克

內餡：

蛋 3顆

鹽 1小匙

芝麻油 30ml

韭菜 300克

豆干 60克

豬絞肉 50克

作法：

1. 先將乳酪打軟，再加入蛋，打勻。
2. 韭菜切碎，豆乾切丁，蛋炒熟後切碎。
3. 取缽，將韭菜、豆乾、蛋拌勻，加入鹽、芝麻油，繼續拌勻。
4. 取不沾鍋，大火加熱。取一湯匙蛋液(以大湯匙為基準)，倒入鍋中，慢慢旋轉，當蛋液快乾時，放入韭菜餡(為了摺得漂亮，將韭菜餡放比較下方)，然後慢慢將另一邊的蛋皮拉起，蓋住韭菜餡。
5. 約3分鐘，翻起另一面，再煎3分鐘即可。

營養素占比

營養素	重量(克)	熱量比例
脂肪	58.71	71.46%
蛋白質	42.31	22.89%
總碳水化合物	19.64	
膳食纖維	9.18	
淨碳水化合物	10.46	5.66%

主食
20 香煎蝦仁卷

材料：

蛋餅皮 參考P.124蛋餅皮作法
鮮蝦 1/2斤
紅洋蔥 30克
蘑菇 4朵
西洋芹 1/4根
紅蘿蔔 1/4根
鹽 1小匙
檸檬風味酪梨油 15ml
青醬 參考醬料食譜P.145

作法：

1. 蝦仁去殼，挑去腸泥，切丁。
2. 洋蔥、蘑菇切末，西洋芹、紅蘿蔔切長條狀。
3. 取鍋，倒入檸檬風味酪梨油，將洋蔥、蘑菇放入，炒軟後，再放入蝦仁炒熟。
4. 取蛋皮，放2匙蝦仁餡、西洋芹與紅蘿蔔各一根。
5. 淋上青醬，捲好後，放入鍋中每面煎約2分鐘即可。

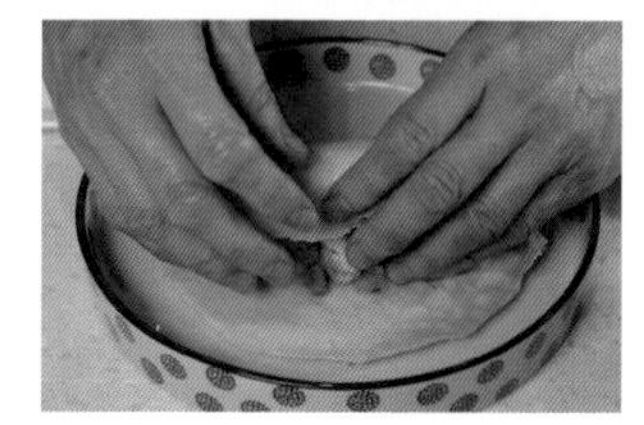

營養素占比

營養素	重量(克)	熱量比例
脂肪	48.80	87.03%
蛋白質	8.67	6.87%
總碳水化合物	9.92	
膳食纖維	2.22	
淨碳水化合物	7.7	6.10%

主食
21 豬肉餡餅

材料：

蛋餅皮：
蛋 4顆
奶油乳酪(Cream Cheese) 75克
豬肉餡：
豬絞肉 400g
青蔥 8根
薑泥 1大匙
鹽 1小匙
米酒 2大匙
白胡椒粉 2小匙
芝麻油 1大匙
紅椒風味酪梨油 1大匙

作法：

1. 先將乳酪打軟，再加入蛋，打勻。
2. 蔥切碎，將所有材料放入鍋中，攪拌均勻。
3. 輕輕地甩肉，當肉產生黏性，即可。
4. 取不沾鍋，大火加熱，取一湯匙蛋液(以大湯匙為基準)，倒入鍋中，慢慢旋轉，當蛋液快乾時，放入豬肉餡(為了摺得漂亮，將豬肉餡放比較下方)，慢慢將另一邊的蛋皮拉起，蓋住豬肉餡。
5. 轉小火，約5分鐘，翻起另一面，再煎5分鐘即可。

營養素占比

營養素	重量(克)	熱量比例
脂肪	98.22	63.08%
蛋白質	84.83	29.02%
總碳水化合物	37.98	
膳食纖維	10.28	
淨碳水化合物	27.70	7.91%

主食

22 牛肉捲餅

材料：

蛋餅皮 參考P.124蛋餅皮作法

牛腱 參考P.72主菜香燉牛腱作法

蔥 1根

香菜醬 參考P.147醬料香菜醬作法

迷迭香風味酪梨油 15ml

作法：

1. 牛腱切片，蔥洗淨切段。
2. 蛋餅皮做好後，取3片牛腱、蔥2段，1匙香菜醬，1匙迷迭香酪梨油，捲起後，即可食用。

營養素占比

營養素	重量（克）	熱量比例
脂肪	121.97	59.7%
蛋白質	146	31.76%
總碳水化合物	45.84	
膳食纖維	6.57	
淨碳水化合物	39.27	8.54%

水晶老師的廚房筆記

低醣生酮的飲食者，其實真的什麼都可以吃。尤其這超好吃的牛肉捲餅。誰說不能吃？有了水晶老師的百搭好餅皮，什麼都可以吃了！

主食
23 QQ麵條

材料：

金針菇1包

燻鮭魚醬 2大匙 參考P.142醬料作法

作法：

1. 將金針菇尾部去除，用水浸泡約5分鐘。
2. 取鍋，水滾後，放入金針菇。
3. 大約3分鐘，取出晾乾。吃的時候，可拌上燻鮭魚醬或其他醬料。

營養素占比

營養素	重量（克）	熱量比例
脂肪	0.3	3.65%
蛋白質	2.7	30.29%
總碳水化合物	8	
膳食纖維	2.7	
淨碳水化合物	5.3	66.06%

加醬後營養素占比

營養素	重量（克）	熱量比例
脂肪	36.7	68.65%
蛋白質	23.8	19.8%
總碳水化合物	20.5	
膳食纖維	6.6	
淨碳水化合物	13.9	11.6%

水晶老師的廚房筆記

ＱＱ麵條不就是金針菇？是的！是金針菇，卻是讓眼睛吃得飽的轉換條件。燙熟的金針菇，可以像麵條一般，拌醬、炒青菜。

主食

24 彈牙麵條

材料：

杏鮑菇 8根

五味醬 參考P.152醬料五味醬作法

營養素占比

營養素	重量（克）	熱量比例
脂肪	0.156	4.43%
蛋白質	2.916	36.83%
總碳水化合物	9.05	
膳食纖維	4.4	
淨碳水化合物	4.65	58.74%

加醬後營養素占比

營養素	重量（克）	熱量比例
脂肪	9.106	66.73%
蛋白質	3.348	10.9%
總碳水化合物	11.6738	
膳食纖維	4.805	
淨碳水化合物	6.87	22.37%

水晶老師的廚房筆記

彈牙麵條，其實就是杏鮑菇。手撕的口感非常像麵條，吃起來非常彈牙。除了小黃瓜與櫛瓜麵，杏鮑菇也是個很棒的主食選擇。

作法：

1. 以手撕杏鮑菇成絲，若是刀切，會把纖維切斷，比較沒有嚼勁，也不像麵條了。
2. 取鍋，放入杏鮑菇絲，蓋上鍋蓋，開中火，待杏鮑菇生水後，關火。
3. 取出晾乾後，即是彈牙麵條。以五味醬拌勻，即可上桌。

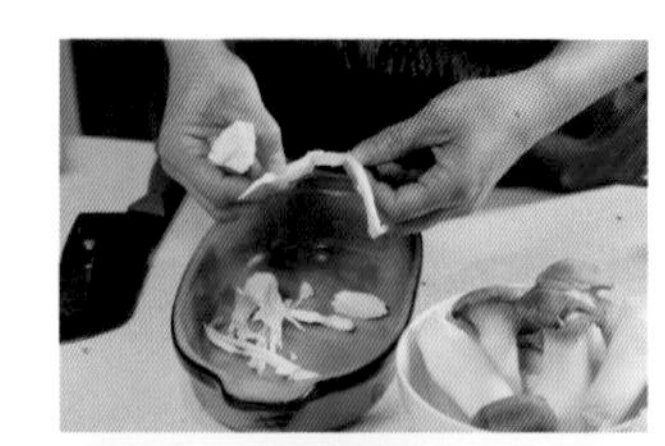

主食 25

豆芽菜卷

材料：

豆芽菜 100克
火鍋豬肉片 1盒
五味醬 2大匙(參考P.152醬料五味醬作法)

營養素占比

營養素	重量(克)	熱量比例
脂肪	37.18	64.99%
蛋白質	40.54	31.49%
總碳水化合物	6.24	
膳食纖維	1.71	
淨碳水化合物	4.53	3.52%

作法：

1. 取豬肉片，放入1把豆芽菜，捲好備用。
2. 取鍋，放熱水，開中火，放入蒸盤。
3. 蓋上鍋蓋，約4分鐘，關火。
4. 取出豆芽菜豬肉卷，淋上五味醬即可。

Chapter

6

滋味百搭的 無添加無糖醬料

說到醬料，那真的是我的最愛之一。好油是靈魂，醬料是食物中讓靈魂升級的一種好方法。有幾款我特別喜歡的醬料，這些是我在國外吃到，卻一直難以忘懷的醬料。
淺顯易懂的方式操作，讓你可以隨時享用美好醬料。

醬料

01 燻鮭魚醬

材料：

煙燻鮭魚 1包、酸奶 50g
奶油乳酪(Cream Cheese) 100g
洋蔥 30g、蒔蘿 1大匙
蒜頭 2瓣
檸檬風味酪梨油 5大匙
鹽 1小匙

作法：

將所有醬料放入調理機，攪碎即可。

營養素占比

營養素	重量（克）	熱量比例
脂肪	120.43	95.59%
蛋白質	1.44	0.6%
總碳水化合物	15.023	
膳食纖維	3.972	
淨碳水化合物	11.051	3.9%

醬料

02 香腸醬

材料：

無糖香腸 50克

迷迭香風味酪梨油 2大匙

奶油乳酪(Cream Cheese) 100克

蒜頭3 瓣

作法：

1. 香腸烤熟、蒜頭剝皮。
2. 將所有材料放入調理機，攪碎即可。

營養素占比

營養素	重量（克）	熱量比例
脂肪	71.71	88.83%
蛋白質	14.73	8.11%
總碳水化合物	5.77	
膳食纖維	0.21	
淨碳水化合物	5.56	3.06%

醬料

03 鮮蝦醬

材料：

鮮蝦 5隻
萊姆風味酪梨油 5大匙
奶油乳酪(Cream Cheese) 150克
洋蔥 30克
鹽 1小匙
香菜 10克

作法：

1. 鮮蝦剝殼，放入鍋中，當兩面呈紅色，取出。
2. 將所有材料放入調理機，攪碎即可。

營養素占比

營養素	重量(克)	熱量比例
脂肪	76.62	81.42%
蛋白質	30.56	14.43%
總碳水化合物	9.2	
膳食纖維	0.42	
淨碳水化合物	8.78	4.15%

醬料

04 青醬

材料：

橄欖油 50ml
九層塔葉 10克
夏威夷豆 10克
帕瑪森(Parmesan)起司 10克
鹽 1/2小匙

作法：

九層塔洗淨，同時將所有食材放入調理機，攪碎即可。

營養素占比

營養素	重量(克)	熱量比例
脂肪	120.02	95.76%
蛋白質	9.84	3.5%
總碳水化合物	4.38	
膳食纖維	2.28	
淨碳水化合物	2.1	0.74%

醬料

05 墨西哥酪梨醬

水晶老師的廚房筆記

Guagamole 這個西班牙文是中美洲阿茲特克傳統文化的醬料，用酪梨打成像果醬一樣，蘸著主食吃，也是墨西哥的特色菜餚。我超愛酪梨，尤其酪梨與番茄的結合，更讓醬料提升到不同的境界。

材料：

酪梨 3顆
紅洋蔥(小) 1顆
番茄(小) 1顆
檸檬 1顆
香菜 1把
夏威夷豆油 50ml
鹽 1小匙
胡椒 1小匙

作法：

1. 將洋蔥切丁，泡水(去澀味)。
2. 檸檬擠汁備用，番茄切丁、香菜切碎。
3. 酪梨對切，將肉挖出放入缽中。同時放入夏威夷豆油、番茄丁、香菜末、洋蔥丁、鹽、胡椒，再倒入檸檬汁。
4. 用調理機攪碎成泥即可。

營養素占比

營養素	重量(克)	熱量比例
脂肪	64.49	79.0%
蛋白質	7.3	3.98%
總碳水化合物	47.19	
膳食纖維	15.93	
淨碳水化合物	31.26	17.02%

醬料
06 香菜醬

材料：

香菜 1把
奶油乳酪(Cream Cheese) 100克
鹽 1小匙
橄欖油 30ml

作法：

1. 香菜洗淨，擦乾。
2. 將所有食材放入調理機，攪碎即可。

 營養素占比

營養素	重量(克)	熱量比例
脂肪	63.96	93%
蛋白質	6.36	4.11%
總碳水化合物	4.74	
膳食纖維	0.26	
淨碳水化合物	4.48	2.89%

醬料
07 豆腐美乃滋

水晶老師的廚房筆記

一般的美乃滋，需要生蛋與油，其實風險還滿大的，所以我不是很愛打美乃滋，即使我非常愛吃。然而豆腐營養價值高，讓我們使用豆腐與好油做成美乃滋，非常讓人驚艷。

材料：

有機豆腐 200克
花生油 4大匙
鹽 1小匙

作法：

將所有食材放入調理機，攪勻即可。

營養素占比

營養素	重量（克）	熱量比例
脂肪	35.92	74.45%
蛋白質	16.92	15.59%
總碳水化合物	11.94	
膳食纖維	1.12	
淨碳水化合物	14.63	9.97%

醬料

08 地中海辣醬

材料：

洋蔥 1顆
蒜頭 2瓣
番茄 1顆
紅辣椒 1支
香菜 1小把
橄欖油 1大匙
鹽 1小匙

作法：

1. 洋蔥、番茄切丁，蒜頭切末，辣椒切丁，香菜洗淨。
2. 取鍋，倒入橄欖油，同時放入洋蔥、蒜頭、番茄，炒軟後，轉小火約煮5分鐘。
3. 再放入辣椒丁、鹽拌炒。
4. 調理機放入香菜及拌炒過的辣椒糊，攪碎即可。

營養素占比

營養素	重量(克)	熱量比例
脂肪	5.1	81.6%
蛋白質	3.2	2.4%
總碳水化合物	26.8	
膳食纖維	4.2	
淨碳水化合物	22.6	16.1%

醬料

09 番茄醬

水晶老師的廚房筆記

市售的番茄醬雖然好吃，但是太多添加物以及糖，讓我擔心。自己做番茄醬，味道不但更濃郁，而且更健康。

材料：

番茄 250克
紅蘿蔔 1/2根
黑胡椒 1大匙
月桂葉 2片
洋蔥 100克
蒜頭 3瓣
乾燥義式香料 1大匙
水 200ml
紅酒醋 20ml
橄欖油 30ml

作法：

1.將番茄、洋蔥、紅蘿蔔切塊。
2. 連同黑胡椒、月桂葉、蒜頭、香料放入壓力鍋，加入水，開大火，上壓後，轉小火，設定5分鐘。
3. 洩完壓，將水濾出，加入鹽、紅酒醋、橄欖油，以調理機攪細，取網子過濾即可(也可不必過濾，保留最多的纖維和營養素)。

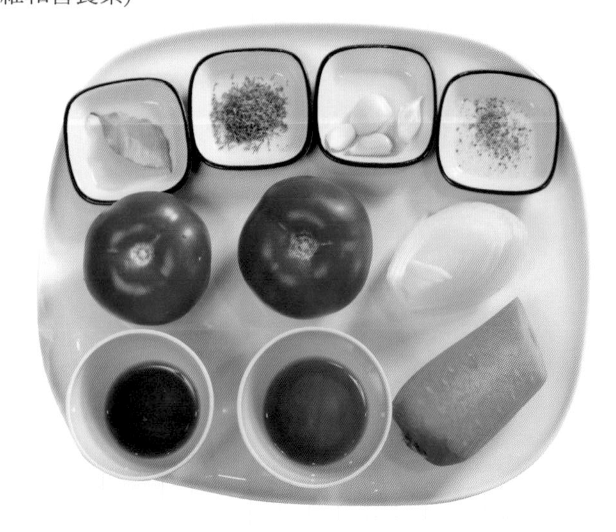

營養素占比

營養素	重量(克)	熱量比例
脂肪	32.64	60.8%
蛋白質	6.5	5.38%
總碳水化合物	53.66	
膳食纖維	12.81	
淨碳水化合物	40.85	33.82%

醬料

10 香辣淋醬

材料：

紅辣椒 2根

蒜頭 1瓣

薑 1小匙

檸檬風味酪梨油 100ml

鹽 1小匙

作法：

1. 紅辣椒去籽，切丁。
2. 蒜頭去皮切末，薑切末。
3. 將辣椒丁、蒜末、薑末、鹽、酪梨油，攪拌均勻即可。

 營養素占比

營養素	重量（克）	熱量比例
脂肪	93.7	97.1%
蛋白質	1.5	0.7%
總碳水化合物	6.2	
膳食纖維	1.5	
淨碳水化合物	4.7	2.2%

醬料

11 五味醬

材料：

蒜頭 3瓣
薑 2片
青蔥 1根
洋蔥 20克
鹽 1小匙
紅椒風味酪梨油 30ml

作法：

1. 蒜頭、洋蔥、薑、青蔥切末，與鹽放入缽中，攪拌均勻。
2. 倒入酪梨油，繼續攪拌均勻即可。

營養素占比

營養素	重量（克）	熱量比例
脂肪	29.823	90.14%
蛋白質	1.44	1.93%
總碳水化合物	7.246	
膳食纖維	1.35	
淨碳水化合物	5.896	7.93%

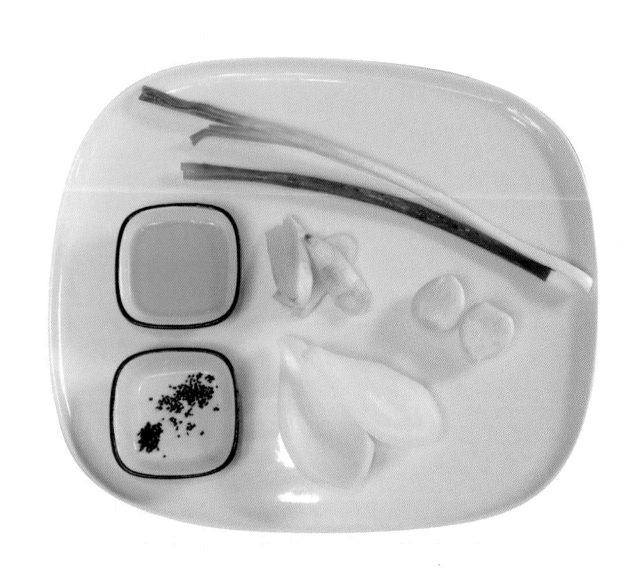

醬料

12 夏威夷豆醬

材料：

夏威夷豆(未烘培) 100克

夏威夷豆油 10ml

作法：

1. 將夏威夷豆放入烤箱，設定120℃，烤10分鐘。若買已烘培，可省略此步驟。
2. 放涼後，放入調理機攪成粉末。
3. 倒入夏威夷豆油，攪至成泥即可。

 營養素占比

營養素	重量(克)	熱量比例
脂肪	86	90.13%
蛋白質	7.8	3.63%
總碳水化合物	13.49	
膳食纖維	--	
淨碳水化合物	13.4	6.24%

醬料

13 蘑菇醬

材料：

蘑菇 1盒
洋蔥 20克
蒜頭 2瓣
鮮奶油 50克
奶油 1大匙

作法：

1. 蘑菇去蒂切片，以紙擦拭乾淨(不要水洗)。洋蔥、蒜頭切末。
2. 開中火，先炒蘑菇，當蘑菇開始變色，放入奶油。
3. 放洋蔥、蒜末炒香。
4. 倒入鮮奶油直至奶油略滾後，小火大概煮20分鐘即可。

營養素占比

營養素	重量(克)	熱量比例
脂肪	32.49	82.61%
蛋白質	9.76	11.03%
總碳水化合物	11	
膳食纖維	5.37	
淨碳水化合物	5.63	6.36%

醬料

14 酸黃瓜醬

材料：

漬酸黃瓜 2根(參考配菜酸黃瓜P.266)

橄欖油 50ml

優格 50ml

蔥 1根

鹽 1小匙

作法：

將所有食材放入調理機攪拌成泥即可。

營養素占比

營養素	重量(克)	熱量比例
脂肪	101.02	94.58%
蛋白質	3.55	1.48%
總碳水化合物	11.88	
膳食纖維	2.41	
淨碳水化合物	9.47	3.94%

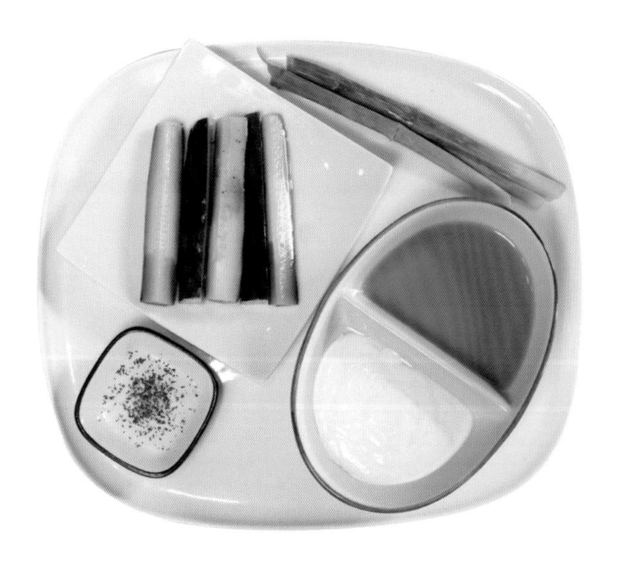

醬料

15 大蒜醬

材料：

蒜頭 50克
洋蔥 100克
夏威夷豆油 50克
迷迭香 1支
九層塔 5葉
鹽 1小匙

作法：

1. 洋蔥切塊泡水、蒜頭剝皮；迷迭香、九層塔洗淨。
2. 取一張紙，將所有食材擦乾。
3. 取調理機，將所有食材一同放入打成泥狀即可。

營養素占比

營養素	重量（克）	熱量比例
脂肪	49.73	82.18%
蛋白質	4.41	3.24%
總碳水化合物	23.35	
膳食纖維	3.48	
淨碳水化合物	19.87	14.58%

醬料

16 鄉村牧場醬

水晶老師的廚房筆記

我大學時期，在美國的許多餐廳，都會有醬料選擇而這是我最愛的一個醬料。酸奶、檸檬汁、美乃滋讓味蕾更上一層樓。

材料：

豆腐美乃滋 200克(參考P.148豆腐美乃滋作法)
酸奶(優格) 110克
檸檬汁(白酒醋) 2大匙
香菜 10克
蒔蘿 5克
細蔥 5克
大蒜 15克
洋蔥 25克
鹽 1小匙
黑胡椒 2小匙
鮮奶油 50ml

作法：

將全部食材放入調理機攪拌均勻即可。

營養素占比

營養素	重量（克）	熱量比例
脂肪	106.3	83.80%
蛋白質	25.74	9.02%
總碳水化合物	33.71	
膳食纖維	13.21	
淨碳水化合物	20.5	7.18%

醬料

17 瑞可達乳酪

水晶老師的廚房筆記

其實自己做乳酪，好簡單！三種材料，就能做出好味道的乳酪呦～就這麼簡單！

材料：

全脂牛奶 500ml
鮮奶油 100ml
檸檬汁(白酒醋) 2大匙

作法：

1. 以中火煮牛奶與鮮奶油，維持溫度約80度，大約15分鐘。
2. 關火後，加入檸檬汁，靜置15分鐘。
3. 慢慢攪拌後，取布過濾奶清。
4. 凝結的乳酪即是瑞可達乳酪。若檸檬汁不能讓牛奶凝固，再加上1大匙檸檬汁即可。
5. 裝瓶後放入冷藏，可保存約1星期。

營養素占比

營養素	重量（克）	熱量比例
脂肪	32	68%
蛋白質	27	25%
總碳水化合物	7.5	
膳食纖維	0	
淨碳水化合物	7.5	7%

醬料

18 炸醬

材料：

豆乾 150克
豬絞肉 150公克
蒸熟黃豆 50克
蒜頭 4瓣
洋蔥 1/4顆
米酒 1大匙
鹽 2小匙
花生油 3大匙

作法：

1. 豆乾切塊狀，蒜頭、洋蔥切丁。
2. 取鍋，放入花生油，開中火。
3. 放入蒜頭、洋蔥，略炒。再放入絞肉續炒至變色，同時放入豆乾與黃豆。
4. 灑鹽、放入米酒後，拌炒。
5. 蓋上鍋蓋，轉小火，悶煮約30分鐘。
6. 關火，悶約5分鐘。
7. 開蓋，即可食用。

營養素占比

營養素	重量（克）	熱量比例
脂肪	87.56	69.48%
蛋白質	73.18	25.81%
總碳水化合物	32.64	
膳食纖維	19.27	
淨碳水化合物	13.37	4.72%

Chapter

7

只要會計算就能簡單組合的 50 個生酮便當

做菜，很難？沒時間？其實，真的沒有！這樣忙碌的時代，要早上起床準備便當，真的有點困難。但是如果是昨晚先把晚餐準備好，也一起準備便當，會不會容易多了呢？

做菜，工具對了，就是事半功倍。那到底要什麼工具呢？其實我自己的工具很簡單，一台攪拌機、一台烤箱、一個壓力鍋、一個平底鍋、一組好油、一些香料（大部分我自己種）、一些醬料（自己做），這樣就可以讓美味便當呈現。

「便當模組」是一件很有趣的事。當主食與主菜交換時，你會發現截然不同的口感，再加上不同的淋醬與配菜，便當的顏色不但豐富，更是讓美味升級！只要運用好食材與好油，米其林主廚真的可以自己當。

很多學生或是朋友會問我，生酮什麼都不能吃，好難耶……我總是回答：「怎麼會呢？除了精緻澱粉，什麼都可以吃啊！」大家對生酮超級好奇，都知道生酮有原則。像我一開始，我也是似懂非懂，終於在掌握了原則後，我可以放心地讓客人吃囉！

生酮飲食的各種營養素比例原則：脂肪 75%、蛋白質 20%、碳水化合物 5%，想吃什麼便當，都可以自由選擇！

脂肪每公克可以產生 9 大卡，蛋白質每公克可以產生 4 大卡，碳水化合物每公克可以產生 4 大卡
因此生酮飲食的公式大致如下：
(脂肪重量 x 9)/(脂肪重量 x 9+ 蛋白質重量 x 4+ 碳水化合物重量 x 4) ＝ 75% 或以上
(蛋白質重量 x 4)/(脂肪重量 x 9+ 蛋白質重量 x 4+ 碳水化合物重量 x 4) ＝ 20% 或以下
(碳水化合物重量 x 4)/(脂肪重量 x 9+ 蛋白質重量 x 4+ 碳水化合物重量 x 4) ＝ 5% 或以下

以上大概是什麼意思呢？
我們以每天飲食 2000 大卡為例。75% 的脂肪，就是 75% x 2000=1500 大卡；1500 大卡 /9=167 克，也就是說，每天我們可以吃 167 克的油脂。
20% 的蛋白質，就是 20% x 2000=400 大卡；400 大卡 /4=100 克，也就是說，每天我們可以吃 100 克的蛋白質。
5% 的碳水化合物，就是 5% x 2000=100 大卡；100 大卡 /4=25 克，也就是說，每天我們可以吃 25 克的碳水化合物。
舉例來說，200 克的牛小排，可以吃到 84 克油脂及 44 克蛋白質。
至於碳水化合物呢？更有趣喔，其實我們大概可以吃 400-600 克的蔬菜，如果吃一盤青江菜，碳水化合物是 5.9 克 (每 100 公克)，我們一天可以吃 25 克的碳水，也就是說我們可以吃 400 公克的青江菜。但是別忘囉，裡面還有 1.8 克 (每 100 公克) 不含熱量的膳食纖維，這要扣掉喔。所以理論上，你可以吃超過 400 公克的蔬菜類碳水化合物。
以上的解釋，是不是讓你釋懷，生酮真的不難！什麼都可以吃，什麼都可以碰，只是多寡而已。
以下是我針對生酮便當一些搭配建議，我的基礎是主菜、主食、醬料、蔬菜。記得，生酮，真的很簡單！

生酮便當 01

主菜
香烤烤梅花豬 1/4 份

主食
菠蘿麵包 1/2 份

類別	菜名	份量
醬料	地中海辣醬	1/4
配菜	蒜炒花椰菜	1/4
	川燙青江菜	1/2
	薑炒黑木耳	1/2
油	風味橄欖油	30ml

營養素占比

營養素	重量(克)	熱量比例
脂肪	131	75.7%
蛋白質	79	20.3%
總碳水化合物	30	
膳食纖維	14.2	
淨碳水化合物	15.52	4%

生酮便當 02

主菜
油烤梅花排 1/4 份

主食
培根餅 1/3 份

類別	菜名	份量
醬料	酪梨醬	1/4
配菜	焗烤花椰菜	1/4
	川燙菠菜	1/2
	烤彩椒	1/6
	漬番茄	1/12

營養素占比

營養素	重量（克）	熱量比例
脂肪	126	75%
蛋白質	78	20%
總碳水化合物	29	
膳食纖維	11	
淨碳水化合物	18	5%

生酮便當 03

主菜
水煮三層肉 1/4 份

主食
櫛瓜三明治 1/4 份

類別	菜名	份量
醬料	香腸醬	1/4
配菜	韭菜炒蛋	1/4
	川燙空心菜	1/4
	香煎筊白筍	1/4

營養素占比

營養素	重量（克）	熱量比例
脂肪	150.56	85.3%
蛋白質	43.7	11.0%
總碳水化合物	18.6	
膳食纖維	4.7	
淨碳水化合物	13.8	3.5%

生酮便當 04

主菜
蒜烤鮭魚 1/6 份

主食
乳酪三重奏 1/4 份

類別	菜名	份量
醬料	五味醬	1/2
配菜	奶香煎茄子	1/4
	培根球芽甘藍	1/8
	蛋豆腐	1/4

營養素占比

營養素	重量（克）	熱量比例
脂肪	108	86%
蛋白質	28	10%
總碳水化合物	12	
膳食纖維	4	
淨碳水化合物	9	3%

生酮便當 05

主菜
鹽滷豬腳 1/4 份

主食
韭菜盒 1/4 份

類別	菜名	份量
醬料	香菜醬	1/3
配菜	辣烤花椰菜	1/3
	塔香茄子	1/2
	培根蘆筍	1/4

營養素占比

營養素	重量（克）	熱量比例
脂肪	142	75%
蛋白質	84	20%
總碳水化合物	36	
膳食纖維	13.5	
淨碳水化合物	22.5	5%

生酮便當 06

主菜
菠菜牛肉卷 1/2 份

類別	菜名	份量
醬料	香辣林醬	1/2
配菜	滷花生	1/12
	炒彩椒	1/4
	炒甜豆	1/4
	漬昆布蘿蔔、漬番茄	1/12
	芝麻葉沙拉	1/4

營養素占比

營養素	重量（克）	熱量比例
脂肪	163	85.5%
蛋白質	42	9.9%
總碳水化合物	33	
膳食纖維	13	
淨碳水化合物	20	4.6%

生酮便當 07

主菜
香煎牛小排 1/4 份

主食
法式吐司 1/4 份

營養素占比

類別	菜名	份量
醬料	燻鮭魚醬	1/6
配菜	烤彩椒	1/8
	香煎櫛瓜	1/4
	香炒百菇	1/4

營養素	重量（克）	熱量比例
脂肪	161.3	85.3%
蛋白質	46.6	11%
總碳水化合物	22.2	
膳食纖維	6.5	
淨碳水化合物	15.7	3.7%

生酮便當 08

主菜
菠菜牛肉卷 1/4 份

主食
涼拌櫛瓜麵 1/4 份

類別	菜名	份量
醬料	香辣淋醬	1/4
	炸醬	1/6
配菜	薑炒黑木耳	1/6
	蒜香杏鮑菇	1/6
	法式鄉村白蘆筍	1/6

營養素占比

營養素	重量（克）	熱量比例
脂肪	88.5	81.4%
蛋白質	33.3	13.6%
總碳水化合物	23.9	
膳食纖維	11.7	
淨碳水化合物	12.3	5.0%

生酮便當 09

主菜
烤水晶肉 1/4 份

主食
起司貓耳朵 1/4 份

類別	菜名	份量
醬料	青醬	1/2
配菜	川燙高麗菜	1/4
	大黃瓜沙拉	1/4
	天使蛋	1/2
	薑炒黑木耳	1/6

營養素占比

營養素	重量（克）	熱量比例
脂肪	135.4	77.6%
蛋白質	74.4	19%
總碳水化合物	18. 4	
膳食纖維	5.1	
淨碳水化合物	13.3	3.4%

生酮便當 10

主菜
菠菜雞腿排 1/4份

主食
香酥起司燒 1/3份

類別	菜名	份量
醬料	鮮蝦醬	1/4
配菜	漬義式彩椒	1/4
	香煎櫛瓜	1/4
	焗烤花椰菜	1/4
油	大蒜風味酪梨油	30ml

營養素占比

營養素	重量(克)	熱量比例
脂肪	132.99	75.4%
蛋白質	79.58	20.1%
總碳水化合物	25.06	
膳食纖維	7.07	
淨碳水化合物	18.00	4.5%

生酮便當 11

主菜
煙燻鮭魚卷 1/2 份

主食
乳酪三重奏 1/4 份

類別	菜名	份量
醬料	鄉村牧場醬	1/6
配菜	蒜炒花椰菜	1/4
	烤彩椒	1/8
	奶香煎茄子	1/4
	香煎蘆筍	1/4

營養素占比

營養素	重量（克）	熱量比例
脂肪	134.4	83.0%
蛋白質	42.8	11.7%
總碳水化合物	30.4	
膳食纖維	11.4	
淨碳水化合物	18.90	5.3%

生酮便當 12

主菜
咖哩雞 1/4 份

主食
花椰菜米 1/4 份

類別	菜名	份量
配菜	焗烤櫛瓜	1/4
	杏鮑菇烘蛋	1/4
	酸黃瓜	1/4
	漬番茄	1/4
油	紅椒風味酪梨油	30ml

營養素占比

營養素	重量（克）	熱量比例
脂肪	130.1	79.1%
蛋白質	58.3	15.7%
總碳水化合物	28.4	
膳食纖維	9.3	
淨碳水化合物	19.1	5.2%

生酮便當 13

主菜
鮭魚夾心 1/4 份

主食
乳酪三重奏 1/4 份

類別	菜名	份量
醬料	地中海辣醬	1/4
配菜	雙色花椰菜沙拉	1/6
	奶香煎茄子	1/4
	杏鮑菇烘蛋	1/4

營養素占比

營養素	重量(克)	熱量比例
脂肪	126.21	81.4%
蛋白質	47.31	13.6%
總碳水化合物	26.80	
膳食纖維	9.03	
淨碳水化合物	17.77	5.1%

生酮便當 14

主菜
鹽烤鮮蝦 1/4 份

主食
法式吐司 1/4 份

類別	菜名	份量
醬料	青醬	1/4
配菜	川燙菠菜	1/4
	法式鄉村白蘆筍	1/4
	清炒絲瓜	1/4
	蔬菜烘蛋	1/4

營養素占比

營養素	重量(克)	熱量比例
脂肪	119.8	83%
蛋白質	42.4	13%
總碳水化合物	17.6	
膳食纖維	5.8	
淨碳水化合物	11.8	4%

生酮便當 15

主菜
菠菜牛肉卷 1/4 份

主食
彈牙麵條 1/4 份

類別	菜名	份量
醬料	大蒜醬	1/4
配菜	三層肉豆乾	1/6
	烤高麗菜	1/4
	蔬菜烘蛋	1/6
	香煎蘆筍	1/4

營養素占比

營養素	重量(克)	熱量比例
脂肪	98.45	82.0%
蛋白質	34.94	12.9%
總碳水化合物	20.76	
膳食纖維	6.94	
淨碳水化合物	13.83	5.1%

生酮便當 16

主菜
水煮三層肉 1/4 份

主食
香酥起司燒 1/4 份

類別	菜名	份量
醬料	蘑菇醬	1/6
配菜	烤彩椒	1/10
	杏鮑菇烘蛋	1/6
	香煎茭白筍	1/4
	炒芝麻葉	1/4

營養素占比

營養素	重量(克)	熱量比例
脂肪	100.83	82.5%
蛋白質	32.33	11.8%
總碳水化合物	22.92	
膳食纖維	7.06	
淨碳水化合物	15.87	5.8%

生酮便當 17

主菜

油烤梅花排 1/6份

主食

起司貓耳朵、豆芽菜卷 各1/4份

類別	菜名	份量
醬料	鮮蝦醬	1/6
配菜	小黃瓜番茄沙拉	1/8
	川燙菠菜	1/4
	奶香球芽甘藍	1/4
油	紅椒風味酪梨油	30ml

營養素占比

營養素	重量（克）	熱量比例
脂肪	118.4	76.2%
蛋白質	71.5	20.4%
總碳水化合物	15.9	
膳食纖維	4.1	
淨碳水化合物	11.9	3.4%

生酮便當 18

主菜

香煎梅花肉 1/4份

主食

香酥起司燒 1/2份

類別	菜名	份量
醬料	鮮蝦醬	1/2
配菜	炒球芽甘藍	1/4
	炒彩椒	1/12
	奶香茄子	1/6
	川燙菠菜	1/2

營養素占比

營養素	重量（克）	熱量比例
脂肪	85.3	83.2%
蛋白質	25.6	11.1%
總碳水化合物	18.7	
膳食纖維	5.5	
淨碳水化合物	13.2	5.7%

生酮便當 19

主菜
香煎牛小排 1/4份

主食
涼拌櫛瓜麵 1/4份

類別	菜名	份量
醬料	地中海辣醬	1/4
配菜	培根蘆筍	1/8
	辣炒高麗菜	1/4
	香蔥沙拉	1/4
	漬番茄	1/4

營養素占比

營養素	重量（克）	熱量比例
脂肪	127.9	84.3%
蛋白質	35.4	10.4%
總碳水化合物	25.5	
膳食纖維	7.2	
淨碳水化合物	18.3	5.4%

生酮便當 20

主菜
菠菜牛肉卷 1/3 份

主食
櫛瓜三明治 1/2 份

類別	菜名	份量
醬料	豆腐美乃滋	1/8
配菜	香煎蘆筍	1/6
	香炒百菇	1/4
	川燙青江菜	1/2

營養素占比

營養素	重量（克）	熱量比例
脂肪	144.5	84.5%
蛋白質	44.7	11.6%
總碳水化合物	23.1	
膳食纖維	8.3	
淨碳水化合物	14.8	3.9%

生酮便當 21

主菜
蒜烤鮭魚 1/4 份

主食
乳酪三重奏 1/4 份

類別	菜名	份量
醬料	香腸醬	1/4
配菜	油燜筍	1/4
	奶香茄子	1/4
	炒芝麻葉	1/2

營養素占比

營養素	重量（克）	熱量比例
脂肪	127.6	83.1%
蛋白質	43.4	12.6%
總碳水化合物	21.6	
膳食纖維	6.5	
淨碳水化合物	15.1	4.3%

生酮便當 22

主菜
水煮三層肉 1/4 份

主食
菠蘿麵包 1/4 份

類別	菜名	份量
醬料	香辣淋醬	1/4
配菜	彩椒鯛魚	1/6
	香煎蘆筍	1/4
	川燙大陸妹	1/2
	香煎筊白筍	1/4

營養素占比

營養素	重量(克)	熱量比例
脂肪	120.7	83.2%
蛋白質	36.8	11.3%
總碳水化合物	25	
膳食纖維	7.1	
淨碳水化合物	17.9	5.5%

生酮便當 23

主菜
鮭魚夾心 1/4 份

類別	菜名	份量
醬料	鄉村牧場醬	1/4
配菜	辣烤花椰菜	1/4
	小黃瓜沙拉	1/8
	香煎茄子	1/4
	培根高麗菜	1/4
油	香菜風味酪梨油	50ml

營養素占比

營養素	重量(克)	熱量比例
脂肪	135.1	84.1%
蛋白質	38.84	10.8%
總碳水化合物	28.9	
膳食纖維	10.4	
淨碳水化合物	18.5	5.1%

生酮便當 24

主菜
香煎虱目魚 1/2 份

主食
墨西哥起司餅 1/3 份

類別	菜名	份量
醬料	香菜醬	1/2
配菜	川燙菠菜	1/2
	焗烤櫛瓜	1/4
	蛋豆腐	1/2
	漬義式彩椒	1/6

營養素占比

營養素	重量（克）	熱量比例
脂肪	149.4	75.7%
蛋白質	92	20.7%
總碳水化合物	22.9	
膳食纖維	6.8	
淨碳水化合物	16.1	3.6%

生酮便當 25

主食
蛋餅皮 1/4 份　小黃瓜麵 1/4 份

類別	菜名	份量
醬料	夏威夷豆醬	1/6
	地中海辣醬	1/4
配菜	三層肉豆乾	1/2
	漬番茄	1/10
	辣炒花椰菜	1/6

營養素占比

營養素	重量（克）	熱量比例
脂肪	94.9	78.1%
蛋白質	44.9	16.4%
總碳水化合物	23.83	
膳食纖維	8.8	
淨碳水化合物	15.0	5.5 %

生酮便當 26

主菜
香燉牛腱 1/4 份

主食
蛋餅皮、QQ 麵條 各1/4份

類別	菜名	份量
醬料	鄉村牧場醬	1/6
	炸醬	1/4
配菜	漬義式彩椒	1/10
	川燙空心菜	1/2
油	紅椒風味酪梨油	50ml

營養素占比

營養素	重量(克)	熱量比例
脂肪	142.1	82.1%
蛋白質	49.8	12.8%
總碳水化合物	32	
膳食纖維	11.9	
淨碳水化合物	20.1	5.2 %

生酮便當 27

主菜
油烤梅花排 1/4 份

主食
香酥起司燒 1/4 份

類別	菜名	份量
醬料	酸黃瓜醬	1/4
配菜	小黃瓜番茄沙拉	1/4
	川燙青江菜	1/4
	香煎茄子	1/4
	香煎櫛瓜	1/6
	香炒球芽甘藍	1/6

營養素占比

營養素	重量(克)	熱量比例
脂肪	130.8	77.5%
蛋白質	67.3	17.7%
總碳水化合物	25.4	
膳食纖維	7.1	
淨碳水化合物	18.4	4.8%

生酮便當 28

主菜
烤水晶肉 1/4 份

主食
蝦仁卷 1/2 份

類別	菜名	份量
醬料	酸黃瓜醬	1/4
配菜	惡魔蛋	1/4
	烤彩椒	1/6
	培根球芽甘藍	1/4
	川燙茼蒿	1/2

營養素占比

營養素	重量(克)	熱量比例
脂肪	108.9	78.2%
蛋白質	53.5	17.1%
總碳水化合物	20.8	
膳食纖維	6.1	
淨碳水化合物	14.7	4.7 %

生酮便當 29

主食

蛋餅皮 1/2份　QQ 麵條 1/4份

類別	菜名	份量
醬料	香菜醬	1/2
	香辣淋醬	1/4
配菜	鯛魚拌豆芽菜	1/2
	塔香茄子	1/4
	炒芝麻葉	1/2
油	蕪菁油	30ml

營養素占比

營養素	重量（克）	熱量比例
脂肪	122.0	85.3
蛋白質	31.8	9.9%
總碳水化合物	21.7	
膳食纖維	5.9	
淨碳水化合物	15.7	4.8 %

生酮便當 30

主菜

水煮三層肉 1/6 份

主食

蔥油餅 1/4 份

類別	菜名	份量
醬料	青醬	1/4
	炸醬	1/4
配菜	香煎茭白筍	1/4
	香煎蘆筍	1/4
	油燜筍	1/4

營養素占比

營養素	重量（克）	熱量比例
脂肪	143.4	78.7%
蛋白質	68.2	16.6%
總碳水化合物	29.7	
膳食纖維	10.7	
淨碳水化合物	19.0	4.7 %

生酮便當 31

主菜
香煎牛小排 1/6 份

主食
法式吐司 1/4 份

類別	菜名	份量
醬料	鮮蝦醬	1/4
配菜	大黃瓜沙拉	1/4
	炒彩椒	1/4
	川燙菠菜	1/4

營養素占比

營養素	重量(克)	熱量比例
脂肪	141.3	85.5%
蛋白質	35.6	9.6%
總碳水化合物	22.7	
膳食纖維	4.4	
淨碳水化合物	18.3	4.9 %

生酮便當 32

主菜
香煎梅花肉 1/4 份

主食
綠能三明治 1/2 份

類別	菜名	份量
醬料	鄉村牧場醬	1/4
配菜	荷包蛋	1
	奶香球芽甘藍	1/4
	川燙空心菜	1/4
	炒彩椒	1/6

營養素占比

營養素	重量（克）	熱量比例
脂肪	117.56	77.2%
蛋白質	58.56	17.1%
總碳水化合物	35.55	
膳食纖維	15.90	
淨碳水化合物	19.65	5.7%

生酮便當 33

主菜
蒜味蛤蠣 1/4 份

主食
培根餅 1/2 份

類別	菜名	份量
醬料	鄉村牧場醬	1/4
配菜	鯛魚拌豆芽菜	1/2
	雙色花椰菜沙拉	1/6
	川燙空心菜	1/6
油	夏威夷豆油	45ml

營養素占比

營養素	重量（克）	熱量比例
脂肪	135.1	82.3%
蛋白質	47.3	12.8%
總碳水化合物	26.0	
膳食纖維	7.9	
淨碳水化合物	18.2	4.9%

生酮便當 34

主菜

鹽滷豬腳 1/4 份

類別	菜名	份量
醬料	香辣淋醬	1/4
配菜	彩椒鯛魚	1/6
	川燙青江菜	1/4
	川燙菠菜	1/2
	鹽滷蘿蔔	1/4
	漬義式彩椒	1/8
油	紅椒風味酪梨油	30ml

營養素占比

營養素	重量(克)	熱量比例
脂肪	141.37	78.8%
蛋白質	65.4	16.2%
總碳水化合物	29.1	
膳食纖維	9	
淨碳水化合物	20.1	5%

生酮便當 35

主菜

菠菜牛肉卷 1/4 份

主食

乳酪三重奏 1/6 份

類別	菜名	份量
醬料	青醬	1/4
配菜	帕瑪森蘆筍	1/4
	香煎杏鮑菇	1/4
	奶香煎茄子	1/4

營養素占比

營養素	重量（克）	熱量比例
脂肪	144.93	88.75%
蛋白質	31.52	8.58%
總碳水化合物	16.90	
膳食纖維	7.08	
淨碳水化合物	9.82	2.67%

生酮便當 36

主菜
炒內臟雙寶 1/8 份

主食
韭菜盒子 1/2 份

類別	菜名	份量
醬料	酸黃瓜醬	1/3
配菜	川燙大陸妹	1/2
	川燙菠菜	1/2
	奶香煎茄子	1/6
	竹筍沙拉	1/8

營養素占比

營養素	重量（克）	熱量比例
脂肪	100.6	79.3%
蛋白質	42.5	14.9%
總碳水化合物	27.5	
膳食纖維	10.8	
淨碳水化合物	16.7	5.7%

生酮便當 37

主菜
煙燻鮭魚卷 1/2 份

主食
乳酪三重奏 1/6 份

類別	菜名	份量
醬料	青醬	1/3
配菜	焗烤茄子	1/4
	蛋豆腐	1/4
	香炒百菇	1/8
	炒甜豆	1/4

營養素占比

營養素	重量（克）	熱量比例
脂肪	142.62	86.6%
蛋白質	39.73	10.7%
總碳水化合物	15.95	
膳食纖維	6.23	
淨碳水化合物	9.73	2.6%

生酮便當 38

主菜

蒜烤鮭魚 1/2 份

主食

菠蘿麵包 1/4 份

類別	菜名	份量
醬料	香腸醬	1/2
配菜	辣烤花椰菜	1/4
	川燙空心菜	1/2

營養素占比

營養素	重量（克）	熱量比例
脂肪	104.6	78.3%
蛋白質	51.6	17.2%
總碳水化合物	19.6	
膳食纖維	6	
淨碳水化合物	13.7	4.5%

生酮便當 39

主菜

菠菜雞腿排 1/4 份

主食

乳酪三重奏 1/4 份

類別	菜名	份量
醬料	香菜醬	1/4
配菜	川燙大陸妹	1/4
	奶香煎茄子	1/4
	炒芝麻葉	1/4
	絲瓜烘蛋	1/4

營養素占比

營養素	重量（克）	熱量比例
脂肪	147.4	76.6%
蛋白質	90	20.7%
總碳水化合物	16.9	
膳食纖維	5.2	
淨碳水化合物	11.7	2.7%

生酮便當 40

主菜
滷雞腳雞翅 1/4 份

主食
小黃瓜麵 1/2 份

類別	菜名	份量
醬料	五味醬	1/2
配菜	三層肉豆乾	1/3
	絲瓜烘蛋	1/4
	川燙青江菜	1/2
	奶香球芽甘藍	1/2

營養素占比

營養素	重量（克）	熱量比例
脂肪	116.6	75.8%
蛋白質	69.6	20.1%
總碳水化合物	24.3	
膳食纖維	10.3	
淨碳水化合物	14	4.1%

生酮便當 41

主菜

鹽烤蝦 1/4 份

主食

法式吐司 1/4 份

類別	菜名	份量
醬料	鄉村牧場醬	1/4
配菜	蔬菜烘蛋	1/4
	培根蘆筍	1/4
	香煎茭白筍	1/4
	川燙茼蒿	1/4

營養素占比

營養素	重量(克)	熱量比例
脂肪	120.8	81.4%
蛋白質	47	14.1%
總碳水化合物	23.3	
膳食纖維	8.4	
淨碳水化合物	15	4.5%

生酮便當 42

主菜

煙燻鮭魚卷 1/2 份

主食

墨西哥起司餅 1/3 份

類別	菜名	份量
醬料	青醬	1/4
配菜	塔香茄子	1/4
	炒甜豆	1/4
	芝麻葉沙拉	1/4
	彩椒鯛魚	1/8

營養素占比

營養素	重量(克)	熱量比例
脂肪	110.0	81.2%
蛋白質	42.7	14%
總碳水化合物	21.5	
膳食纖維	6.9	
淨碳水化合物	14.6	4.8%

生酮便當 43

主菜
蒸蘿蔔夾肉 1/2 份

主食
蔥油餅 1/4 份

類別	菜名	份量
醬料	大蒜醬	1/5
配菜	塔香茄子	1/
	川燙高麗菜	1/2
	絲瓜烘蛋	1/6
	漬番茄	1/10
	三層肉豆乾	1/2

營養素占比

營養素	重量(克)	熱量比例
脂肪	113.7	77.2%
蛋白質	69.5	17.8%
總碳水化合物	28.5	
膳食纖維	9.0	
淨碳水化合物	19.5	5.0%

生酮便當 44

主菜
香煎牛小排 1/8份

主食
香酥起司燒 1/4份

類別	菜名	份量
醬料	豆腐美乃滋	1/8
配菜	漬番茄	1/12
	辣炒高麗菜	1/4
	培根蘆筍	1/4

營養素占比

營養素	重量(克)	熱量比例
脂肪	80.03	84.9%
蛋白質	22.59	10.7%
總碳水化合物	12.86	
膳食纖維	3.52	
淨碳水化合物	9.34	4.4%

生酮便當 45

主菜
菠菜牛肉卷 1/4 份

主食
香酥起司燒 1/4 份

類別	菜名	份量
醬料	夏威夷豆醬	1/4
配菜	帕瑪森蘆筍	1/4
	香炒百菇	1/4
	烤球芽甘藍菜	1/4

營養素占比

營養素	重量（克）	熱量比例
脂肪	106.3	86.3%
蛋白質	24.3	8.8%
總碳水化合物	18.9	
膳食纖維	5.3	
淨碳水化合物	13.6	4.9%

生酮便當 46

主菜
香煎梅花肉 1/2 份

主食
法式吐司 1/4 份

類別	菜名	份量
醬料	鮭魚醬	1/3
配菜	雙色花椰菜沙拉	1/4
	香蔥沙拉	1/4
	辣烤花椰	1/8

營養素占比

營養素	重量（克）	熱量比例
脂肪	116.3	79%
蛋白質	49.4	15%
總碳水化合物	31.2	
膳食纖維	12.0	
淨碳水化合物	19.2	6%

生酮便當 47

主菜

香料烤梅花豬 1/4 份

主食

乳酪三重奏 1/4 份

類別	菜名	份量
醬料	香菜醬	1/4
配菜	番茄烘蛋	1/4
	香蔥沙拉	1/4
	培根球芽甘藍	1/4

營養素占比

營養素	重量（克）	熱量比例
脂肪	143	77.6%
蛋白質	80.9	19.6%
總碳水化合物	14.4	
膳食纖維	2.9	
淨碳水化合物	11.5	2.8%

生酮便當 48

主菜

油烤梅花排 1/6 份

主食

白花椰菜餅 1/4 份

類別	菜名	份量
醬料	青醬	1/2
配菜	川燙菠菜	1/4
	天使蛋	1/4
	奶香球芽甘藍	1/4

營養素占比

營養素	重量（克）	熱量比例
脂肪	138.8	90.2%
蛋白質	73.8	18.7%
總碳水化合物	13.7	
膳食纖維	5.3	
淨碳水化合物	8.4	2.1%

生酮便當 49

主菜

烤水晶肉 1/4 份

主食

乳酪三重奏 1/4 份

類別	菜名	份量
醬料	酪梨醬	1/6
配菜	培根蘆筍	1/2
	彩椒蛋	1/4
	香煎筊白筍	1/2

營養素占比

營養素	重量(克)	熱量比例
脂肪	152.9	78.5%
蛋白質	72.3	16.5%
總碳水化合物	32.9	
膳食纖維	10.9	
淨碳水化合物	22.0	5%

生酮便當 50

主菜
虱目魚 1/2 份

主食
香酥起司燒 1/4 份

類別	菜名	份量
醬料	香菜醬	1/2
配菜	培根杏鮑菇	1/4
	焗烤茄子	1/4
	漬義式彩椒	1/4
	川燙茼蒿	1/2

營養素占比

營養素	重量（克）	熱量比例
脂肪	140.5	77.5%
蛋白質	73.5	18.1%
總碳水化合物	27.5	
膳食纖維	9.4	
淨碳水化合物	18.2	4.5%

Chapter

8

以原形食物自由組合 50 個低醣便當

如果你是低醣飲食，那麼做起便當來，可以變化的空間就就更大了！只要是原形食物，幾乎都可以吃。另外只要記得掌握比例原則：脂肪 50%、蛋白質 30%、碳水化合物 20%，想吃什麼便當都可以自由選擇。

其計算方法如下：

（脂肪重量 x 9）/（脂肪重量 x 9+ 蛋白質重量 x 4+ 碳水化合物重量 x 4）＝ 50% 或以上

（蛋白質重量 x 4）/（脂肪重量 x 9+ 蛋白質重量 x 4+ 碳水化合物重量 x 4）＝ 30% 或以下

（碳水化合物重量 x 4）/（脂肪重量 x 9+ 蛋白質重量 x 4+ 碳水化合物重量 x 4）＝ 20% 或以下

現在，就讓我們來看看食物的魔法吧！

低醣便當 01

主菜

牛肉捲餅 1/4 份　香酥起司燒 1/4 份

類別	菜名	份量
醬料	酸黃瓜醬	1/4
配菜	惡魔蛋	1/4
	小黃瓜沙拉	1/4
	蔥燒白菜	1/4

營養素占比

營養素	重量（克）	熱量比例
脂肪	86.00	70%
蛋白質	54.75	20%
總碳水化合物	34.47	
膳食纖維	6.67	
淨碳水化合物	27.80	10%

低醣便當 02

主菜

脆皮烤雞 1/8 份

主食

乳酪三重奏 1/6 份

類別	菜名	份量
醬料	香腸醬	1/4
配菜	帕瑪森蘆筍	1/2
	杏鮑菇烘蛋	1/2
	烤高麗菜	1/2

營養素占比

營養素	重量（克）	熱量比例
脂肪	150.41	72%
蛋白質	111.48	24%
總碳水化合物	29.13	
膳食纖維	7.89	
淨碳水化合物	21.24	5%

低醣便當 03

主菜

鹽烤鮮蝦 1/4 份

主食

豬肉餡餅 1/4 份

類別	菜名	份量
醬料	香辣淋醬	1/4
配菜	炒芝麻葉	1/4
	炒絲瓜	1/4
	彩椒蛋	1/4

營養素占比

營養素	重量(克)	熱量比例
脂肪	70	70.4%
蛋白質	47	21.2%
總碳水化合物	25.2	
膳食纖維	6.6	
淨碳水化合物	18.6	8.4%

低醣便當 04

主菜
鹽滷雞翅雞腳 1/4 份

主食
彈牙麵條 1/4 份

類別	菜名	份量
醬料	五味醬	1/2
配菜	塔香茄子	1/4
	洋蔥炒蛋	1/4
	鹽滷蘿蔔	1/4

營養素占比

營養素	重量（克）	熱量比例
脂肪	63.4	69%
蛋白質	44.5	22%
總碳水化合物	25.5	
膳食纖維	6.2	
淨碳水化合物	19.4	9%

低醣便當 05

主菜
蒜烤鮭魚 1/4 份

主食
白花椰菜餅 1/4 份

類別	菜名	份量
醬料	酸黃瓜醬	1/4
配菜	南瓜起司燒	1/4
	韭菜炒蛋	1/4
	香煎茭白筍	1/4

營養素占比

營養素	重量（克）	熱量比例
脂肪	91.6	75%
蛋白質	47.4	17%
總碳水化合物	30.0	
膳食纖維	7.0	
淨碳水化合物	22.6	8%

低醣便當 06

主菜

水煮三層肉 1/6 份

主食

乳酪三重奏 1/6 份

類別	菜名	份量
醬料	香菜醬	1/8
配菜	杏鮑菇烘蛋	1/8
	蒜炒球芽甘藍	1/4
	咖哩四季豆	1/3
	漬番茄	1/8

營養素占比

營養素	重量（克）	熱量比例
脂肪	168.58	83%
蛋白質	45.77	10%
總碳水化合物	46.18	
膳食纖維	12.93	
淨碳水化合物	33.25	7%

低醣便當 07

主菜
肚包雞 1/3 份

主食
彈牙麵條 1/2 份

類別	菜名	份量
醬料	大蒜醬	1/4
配菜	辣炒高麗菜	1/2
	炒彩椒	1/8
	川燙青江菜	1/2
	酸黃瓜	1/10

營養素占比

營養素	重量（克）	熱量比例
脂肪	134.43	65%
蛋白質	138.9	30%
總碳水化合物	36.1	
膳食纖維	11.27	
淨碳水化合物	24.8	5%

低醣便當 08

主菜

烤中卷鑲肉 1/4 份

主食

蔥油餅 1/4 份

類別	菜名	份量
醬料	大蒜醬	1/4
配菜	辣炒豆乾	1/4
	韭菜炒蛋	1/4
	漬昆布蘿蔔	1/4
	鹽滷蘿蔔	1/8

營養素占比

營養素	重量（克）	熱量比例
脂肪	113.26	72%
蛋白質	68.11	19%
總碳水化合物	43.52	
膳食纖維	10.80	
淨碳水化合物	32.73	9%

低醣便當 09

主菜

蒜香羊肉片 1/3 份

主食

香酥起司燒 1/3 份

類別	菜名	份量
醬料	瑞可達乳酪	1/2
	香辣淋醬	1/2
配菜	帕瑪森蘆筍	1/3
	培根高麗菜	1/4
	絲瓜烘蛋	1/4

營養素占比

營養素	重量（克）	熱量比例
脂肪	110	78%
蛋白質	50	16%
總碳水化合物	28.3	
膳食纖維	7.1	
淨碳水化合物	21.2	7%

低醣便當 10

主菜
香燉牛腱 1/4 份

主食
韭菜盒 1/2 份

類別	菜名	份量
醬料	地中海辣醬	1/4
配菜	川燙青江菜	1/2
	炒彩椒	1/10
	蒜香杏鮑菇	1/3

營養素占比

營養素	重量（克）	熱量比例
脂肪	86.32	74%
蛋白質	43.8	17%
總碳水化合物	37.4	
膳食纖維	13.6	
淨碳水化合物	23.8	9%

低醣便當 11

主菜
蒜味蛤蠣 1/4 份

主食
菠蘿麵包 1/4 份

類別	菜名	份量
醬料	地中海辣醬	1/4
配菜	鯛魚拌豆芽菜	1/4
	竹筍沙拉	1/4
	枸杞小白菜	1/4
	培根球芽甘藍	1/8

營養素占比

營養素	重量（克）	熱量比例
脂肪	56	70%
蛋白質	32.4	18%
總碳水化合物	27.3	
膳食纖維	5.4	
淨碳水化合物	21.9	12%

低醣便當 12

主菜
法式烤魚 1/4 份

主食
韭菜盒子 1/2 份

類別	菜名	份量
醬料	豆腐美乃滋	1/4
配菜	南瓜起司燒	1/8
	芝麻葉沙拉	1/2
	炒彩椒	1/8

營養素占比

營養素	重量（克）	熱量比例
脂肪	84.23	74%
蛋白質	35.47	14%
總碳水化合物	43.43	
膳食纖維	11.51	
淨碳水化合物	31.93	12%

低醣便當 13

主食

彈牙麵條 1/2 份　蔥油餅 1/4 份

類別	菜名	份量
醬料	酸黃瓜醬	1/2
配菜	奶香球芽甘藍	1/4
	咖哩四季豆	1/2
	薑炒黑木耳	1/4

營養素占比

營養素	重量（克）	熱量比例
脂肪	124.27	83%
蛋白質	13.44	4%
總碳水化合物	66.13	
膳食纖維	20.96	
淨碳水化合物	45.18	13%

低醣便當 14

主菜

水煮三層肉 1/4 份

主食

櫛瓜三明治 1/4 份

類別	菜名	份量
醬料	酪梨醬	1/4
配菜	大黃瓜沙拉	1/4
	洋蔥炒蛋	1/4
	川燙大陸妹	1/4
	辣烤花椰菜	1/4

營養素占比

營養素	重量（克）	熱量比例
脂肪	121.83	78%
蛋白質	45.19	13%
總碳水化合物	41.79	
膳食纖維	10.48	
淨碳水化合物	31.31	9%

低醣便當 15

主菜 **虱目魚** 1/4 份 主食 **起司貓耳朵** 1/4 份

類別	菜名	份量
醬料	地中海辣醬	1/4
配菜	漬番茄	1/8
	帕瑪森蘆筍	1/4
	蒜炒球芽甘藍	1/4
	荷包蛋	1/2

營養素占比

營養素	重量（克）	熱量比例
脂肪	94.73	73.7%
蛋白質	58.89	20.4%
總碳水化合物	22.73	
膳食纖維	5.70	
淨碳水化合物	17.03	5.9%

低醣便當 16

主菜
蒜香羊肉片 1/4 份

主食
QQ 麵條 1/2 份

類別	菜名	份量
醬料	五味醬	1/4
配菜	薑炒黑木耳	1/6
	炒甜豆	1/4
	漬昆布蘿蔔	1/12
	漬番茄	1/10

營養素占比

營養素	重量(克)	熱量比例
脂肪	52.2	79%
蛋白質	19.18	13%
總碳水化合物	20.3	
膳食纖維	9.2	
淨碳水化合物	11.1	8%

低醣便當 17

主菜
香料烤梅花豬 1/4 份

主食
墨西哥起司脆餅 1/4 份

類別	菜名	份量
醬料	墨西哥酪梨醬	1/4
配菜	蒜烤花椰菜	1/4
	香煎杏鮑菇	1/4
	大黃瓜沙拉	1/4

營養素占比

營養素	重量（克）	熱量比例
脂肪	93.31	68%
蛋白質	76.89	25%
總碳水化合物	32.95	
膳食纖維	10.58	
淨碳水化合物	22.38	7%

低醣便當 18

主菜
烤中卷鑲肉 1/6 份

主食
綠能三明治 1/2 份

類別	菜名	份量
醬料	豆腐美乃滋	1/4
配菜	焗烤茄子	1/4
	香煎杏鮑菇	1/4
	番茄烘蛋	1/6

營養素占比

營養素	重量（克）	熱量比例
脂肪	90	69%
蛋白質	63	22%
總碳水化合物	42.5	
膳食纖維	15.2	
淨碳水化合物	27.3	9%

低醣便當 19

主菜
滷雞翅、雞腳 1/4 份

主食
涼拌小黃瓜麵 1/2 份

類別	菜名	份量
醬料	地中海辣醬	1/3
	炸醬	1/6
配菜	韭菜炒蛋	1/3
	薑炒黑木耳	1/3
	香煎茭白筍	1/2

營養素占比

營養素	重量（克）	熱量比例
脂肪	85.4	71%
蛋白質	60	22%
總碳水化合物	35.7	
膳食纖維	15.9	
淨碳水化合物	19.8	7%

低醣便當 20

主菜
蒜烤鮭魚 1/4 份

主食
塔可盒 1/6 份

類別	菜名	份量
醬料	青醬	1/4
配菜	川燙菠菜	1/4
	漬義式彩椒	1/4
	焗烤白菜	1/4

營養素占比

營養素	重量（克）	熱量比例
脂肪	157.8	74%
蛋白質	107.3	22%
總碳水化合物	23.8	
膳食纖維	6.8	
淨碳水化合物	17	4%

低醣便當 21

主菜
香料烤梅花豬 1/6 份

主食
豬肉餡餅 1/2 份

類別	菜名	份量
醬料	鄉村牧場醬	1/4
配菜	芝麻葉沙拉	1/4
	杏鮑菇烘蛋	1/4
	培根高麗菜	1/2
	漬番茄	1/10

營養素占比

營養素	重量（克）	熱量比例
脂肪	163.14	72%
蛋白質	108.78	21%
總碳水化合物	44.18	
膳食纖維	13.41	
淨碳水化合物	30.77	6%

低醣便當 22

主菜
炒內臟雙寶 1/3 份

主食
QQ 麵條 1/2 份

類別	菜名	份量
醬料	香辣淋醬	1/4
配菜	三層肉豆乾	1/4
	漬昆布蘿蔔	1/8
	蒜炒花椰菜	1/4
	川燙青江菜	1/2

營養素占比

營養素	重量(克)	熱量比例
脂肪	94.2	72%
蛋白質	63.7	22%
總碳水化合物	33.7	
膳食纖維	15.4	
淨碳水化合物	18.3	6%

低醣便當 23

主菜
脆皮烤雞 1/8 份

主食
花椰菜米 1/4 份

類別	菜名	份量
醬料	香菜醬	1/4
配菜	炒彩椒	1/4
	香煎蘆筍	1/4
	番茄烘蛋	1/4

營養素占比

營養素	重量(克)	熱量比例
脂肪	91.71	64%
蛋白質	88.97	28%
總碳水化合物	38.63	
膳食纖維	11.01	
淨碳水化合物	27.61	9%

低醣便當 24

主菜

菠菜雞腿排 1/4 份

主食

法式吐司 1/4 份

類別	菜名	份量
醬料	蘑菇醬	1/4
配菜	焗烤花椰菜	1/2
	大黃瓜沙拉	1/4
	川燙菠菜	1/4
	荷包蛋	1/4

營養素占比

營養素	重量(克)	熱量比例
脂肪	132.46	73%
蛋白質	97.59	24%
總碳水化合物	21.78	
膳食纖維	6.64	
淨碳水化合物	15.14	4%

低醣便當 25

主菜
蒜味蛤蠣 1/2 份

主食
培根餅 1/2 份

類別	菜名	份量
醬料	蘑菇醬	1/6
配菜	炒彩椒	1/8
	川燙空心菜	1/2
	奶香球芽甘藍	1/4

營養素占比

營養素	重量(克)	熱量比例
脂肪	71.6	72%
蛋白質	44.8	20%
總碳水化合物	22.1	
膳食纖維	4.7	
淨碳水化合物	17.3	8%

低醣便當 26

主菜
虱目魚 1/4 份

主食
豬肉餡餅 1/2 份

類別	菜名	份量
醬料	地中海辣醬	1/6
配菜	川燙茼蒿	1/2
	韭菜炒蛋	1/4
	香炒百菇	1/4

營養素占比

營養素	重量(克)	熱量比例
脂肪	108.5	73%
蛋白質	63.7	19%
總碳水化合物	35.5	
膳食纖維	9.54	
淨碳水化合物	26	8%

低醣便當 27

主菜
鮭魚夾心 1/2 份

主食
韭菜盒子 1/2 份

類別	菜名	份量
醬料	豆腐美乃滋	1/4
配菜	川燙青江菜	1/4
	川燙大陸妹	1/4

營養素占比

營養素	重量（克）	熱量比例
脂肪	102.6	74%
蛋白質	71	22.7%
總碳水化合物	18.5	
膳食纖維	8.2	
淨碳水化合物	10.3	3.3%

低醣便當 28

主菜
鹽滷豬腳　滷雞腳、雞翅 各1/6份

主食
花椰菜米 1/4份

類別	菜名	份量
醬料	地中海辣醬	1/1
配菜	小黃瓜番茄沙拉	1/6
	川燙青江菜	1/2
	川燙高麗菜	1/4
	川燙菠菜	1/2

營養素占比

營養素	重量（克）	熱量比例
脂肪	152.8	74%
蛋白質	75.3	16%
總碳水化合物	60.9	
膳食纖維	15.1	
淨碳水化合物	45.8	10%

低醣便當 29

主菜
蒜香羊肉片 1/2 份

主食
白花椰菜餅 1/2 份

類別	菜名	份量
醬料	香辣淋醬	1/2
配菜	咖哩蔬菜	1/4
	培根高麗菜	1/4
	香蔥沙拉	1/4
	杏鮑菇烘蛋	1/4

營養素占比

營養素	重量(克)	熱量比例
脂肪	155.7	74%
蛋白質	84.6	18%
總碳水化合物	52.1	
膳食纖維	16.1	
淨碳水化合物	36	8%

低醣便當 30

主食

牛肉捲餅 1/4 份　QQ 麵條 1/2 份

類別	菜名	份量
配菜	鯛魚拌豆芽菜	1/4
	川燙空心菜	1/2
	荷包蛋	1
	奶香球芽甘藍	1/2
	培根蘆筍	1/2

營養素占比

營養素	重量（克）	熱量比例
脂肪	110.79	71.5%
蛋白質	72.6	21%
總碳水化合物	36.9	
膳食纖維	10.4	
淨碳水化合物	26.5	7.3%

低醣便當 31

主食

豬肉餡餅 1/4 份

類別	菜名	份量
醬料	五味醬	1/4
配菜	油悶筍	1/4
	彩椒鯛魚	1/4
	焗烤花椰菜	1/4
	川燙青江菜	1/4

營養素占比

營養素	重量（克）	熱量比例
脂肪	66.8	73.2%
蛋白質	31.9	15.5%
總碳水化合物	33.7	
膳食纖維	10.5	
淨碳水化合物	23.2	11.3%

低醣便當 32

主菜
咖哩雞 1/4 份

主食
彈牙麵條 1/2 份

類別	菜名	份量
醬料	地中海辣醬	1/2
配菜	小黃瓜番茄沙拉	1/4
	川燙青江菜	1/2
	炒甜豆	1/2

營養素占比

營養素	重量（克）	熱量比例
脂肪	86.8	61.4%
蛋白質	80.0	25.1%
總碳水化合物	60.5	
膳食纖維	17.5	
淨碳水化合物	43	13.5%

低醣便當 33

主菜 **法式烤魚** 1/6 份

主食 **起司貓耳朵** 1/2 份

類別	菜名	份量
醬料	豆腐美乃滋	1/4
配菜	蒜香杏鮑菇	1/2
	辣炒豆乾	1/4
	辣炒高麗菜	1/4
	酸黃瓜	1/4

 營養素占比

營養素	重量（克）	熱量比例
脂肪	124.3	75%
蛋白質	69.0	18%
總碳水化合物	37.9	
膳食纖維	12.5	
淨碳水化合物	25.4	7%

低醣便當 34

主菜 **炒內臟雙寶** 1/4 份

主食 **韭菜盒子** 1/4 份

類別	菜名	份量
醬料	地中海辣醬	1/4
配菜	竹筍沙拉	1/4
	炒甜豆	1/4
	烤球芽甘藍	1/4
	番茄烘蛋	1/8

 營養素占比

營養素	重量（克）	熱量比例
脂肪	63	65%
蛋白質	50.5	23%
總碳水化合物	34	
膳食纖維	8.4	
淨碳水化合物	25.6	12%

低醣便當 35

主菜

蒜香羊肉片 1/4 份　蒸蘿蔔夾肉 1/4 份

類別	菜名	份量
醬料	地中海辣醬	1/4
配菜	薑炒黑木耳	1/4
	義式地瓜薯條	1/8
	滷白菜	1/4
	小黃瓜番茄沙拉	1/4

營養素占比

營養素	重量（克）	熱量比例
脂肪	60	72.4%
蛋白質	23	12.4%
總碳水化合物	38.6	
膳食纖維	10.4	
淨碳水化合物	28.2	15.2%

低醣便當 36

主菜

蒜香羊肉片 1/2 份

主食

綠能三明治 1/2 份

類別	菜名	份量
配菜	大黃瓜沙拉	1/6
	彩椒蛋	1/2
	川燙大陸妹	1/4
	辣烤花椰菜	1/4

營養素占比

營養素	重量（克）	熱量比例
脂肪	125.9	71.9%
蛋白質	80.8	20.3%
總碳水化合物	48.0	
膳食纖維	18.0	
淨碳水化合物	30.0	7.6%

低醣便當 37

主菜

香燉牛腱 1/4 份

主食

蛋餅皮 1/4 份

類別	菜名	份量
醬料	番茄醬	1/8
配菜	蔥燒白菜	1/4
	漬昆布蘿蔔	1/8
	蒜香杏鮑菇	1/4
	香蔥沙拉	1/2

營養素占比

營養素	重量（克）	熱量比例
脂肪	52	66%
蛋白質	36	20%
總碳水化合物	36	
膳食纖維	12.6	
淨碳水化合物	23.4	14%

低醣便當 38

主菜

咖哩雞 1/6 份

主食

花椰菜米 1/2 份

類別	菜名	份量
醬料	香辣淋醬	1/4
配菜	川燙空心菜	1/2
	雙色花椰菜沙拉	1/4
	炒彩椒	1/4

營養素占比

營養素	重量（克）	熱量比例
脂肪	91.68	64%
蛋白質	78.8	25%
總碳水化合物	52.8	
膳食纖維	18.1	
淨碳水化合物	34.8	11%

低醣便當 39

主菜
肚包雞 1/12份

主食
韭菜盒子 1/4份

類別	菜名	份量
醬料	地中海辣醬	1/2
配菜	薑炒黑木耳	1/2
	滷花生	1/12
	雙色花椰菜沙拉	1/8
	培根球芽甘藍	1/3
	香煎櫛瓜	1/4

營養素占比

營養素	重量(克)	熱量比例
脂肪	90.71	70%
蛋白質	59.63	20%
總碳水化合物	49.12	
膳食纖維	20.32	
淨碳水化合物	28.80	10%

低醣便當 40

主菜
蒜味蛤蠣 1/3 份

主食
牛肉捲餅 1/4 份

類別	菜名	份量
醬料	酸黃瓜醬	1/5
配菜	法式鄉村白蘆筍	1/4
	炒球芽甘藍	1/2
	炒芝麻葉	1/4
	炒彩椒	1/8

營養素占比

營養素	重量（克）	熱量比例
脂肪	111	70.5%
蛋白質	71	20%
總碳水化合物	42.2	
膳食纖維	8.2	
淨碳水化合物	34	9.5%

低醣便當 41

主菜
烤中卷鑲肉 1/6 份

主食
彈牙麵條 1/2 份

類別	菜名	份量
醬料	蘑菇醬	1/2
配菜	小黃瓜番茄沙拉	1/6
	炒芝麻葉	1/2
	奶香煎茄子	1/2
	烤彩椒	1/8

營養素	重量（克）	熱量比例
脂肪	57	66.4%
蛋白質	31	16.1%
總碳水化合物	50.2	
膳食纖維	16.5	
淨碳水化合物	33.7	17.5%

低醣便當 42

主菜

油烤梅花排 1/6 份

主食

乳酪披薩餅 1/2 份

類別	菜名	份量
醬料	香腸醬	1/4
配菜	辣烤花椰菜	1/4
	奶香煎茄子	1/4
	帕瑪森蘆筍	1/4
	蛋豆腐	1/2

營養素占比

營養素	重量（克）	熱量比例
脂肪	131	73%
蛋白質	83	20%
總碳水化合物	36.2	
膳食纖維	11.7	
淨碳水化合物	24.5	6%

低醣便當 43

主菜
蒜烤鮭魚 1/2 份

主食
小黃瓜麵 1/2 份

類別	菜名	份量
醬料	地中海辣醬	1/4
配菜	鹽滷蘿蔔	1/4
	薑炒黑木耳	1/4
	辣炒高麗菜	1/4
	焗烤茄子	1/4

營養素占比

營養素	重量（克）	熱量比例
脂肪	72.8	71.5%
蛋白質	40.8	17.8%
總碳水化合物	37.5	
膳食纖維	13.0	
淨碳水化合物	24.5	10.7%

低醣便當 44

主菜
香燉牛腱 1/2 份

類別	菜名	份量
醬料	酪梨醬	1/4
配菜	香煎杏鮑菇	1/4
	香煎櫛瓜	1/2
	荷包蛋	1
	奶香球芽甘藍	1/4

營養素占比

營養素	重量（克）	熱量比例
脂肪	94.63	73%
蛋白質	53.12	18%
總碳水化合物	35.64	
膳食纖維	10.14	
淨碳水化合物	25.50	9%

低醣便當 45

主菜

烤水晶肉 1/4 份

主食

起司貓耳朵 1/2 份

類別	菜名	份量
醬料	香菜醬	1/2
配菜	小黃瓜番茄沙拉	1/4
	川燙菠菜	1/2
	奶香球芽甘藍	1/4

營養素占比

營養素	重量(克)	熱量比例
脂肪	91.7	72%
蛋白質	61	21%
總碳水化合物	25.5	
膳食纖維	6.8	
淨碳水化合物	18.7	7%

低醣便當 46

主菜
法式烤魚 1/4 份

主食
起司貓耳朵 1/4 份

類別	菜名	份量
醬料	鄉村牧場醬	1/4
配菜	芝麻葉沙拉	1/4
	南瓜起司燒	1/8
	炒彩椒	1/6

營養素占比

營養素	重量（克）	熱量比例
脂肪	88.56	67%
蛋白質	63.80	22%
總碳水化合物	42.93	
膳食纖維	10.50	
淨碳水化合物	32.43	11.0%

低醣便當 47

主菜
燉牛腱 1/4 份

主食
蔥油餅 1/4 份

類別	菜名	份量
醬料	香菜醬	1/4
配菜	炒彩椒	1/4
	炒甜豆	1/4
	絲瓜烘蛋	1/4

營養素占比

營養素	重量（克）	熱量比例
脂肪	97.2	73.8%
蛋白質	55	18.5%
總碳水化合物	29	
膳食纖維	6.3	
淨碳水化合物	22.7	7.7%

低醣便當 48

主菜
水煮三層肉 1/2 份

主食
乳酪披薩餅 1/4 份

類別	菜名	份量
醬料	酸黃瓜醬	1/4
配菜	大黃瓜沙拉	1/4
	川燙大陸妹	1/4
	奶香煎茄子	1/4

營養素占比

營養素	重量(克)	熱量比例
脂肪	136.5	79.3%
蛋白質	51.8	13.4%
總碳水化合物	36.4	
膳食纖維	8	
淨碳水化合物	28.4	7.3%

低醣便當 49

主菜

蒜味蛤蠣 1/4 份

主食

韭菜盒子 1/4 份

類別	菜名	份量
醬料	香辣淋醬	1/4
配菜	薑炒黑木耳	1/4
	蔥燒白菜	1/4
	塔香茄子	1/4

營養素占比

營養素	重量（克）	熱量比例
脂肪	50.2	72.6%
蛋白質	29.2	18.8%
總碳水化合物	22.7	
膳食纖維	9.3	
淨碳水化合物	13.4	8.6%

低醣便當 50

主菜

香煎梅花肉 1/2 份

主食

酪梨卷 1/6 份

類別	菜名	份量
醬料	番茄醬	1/8
配菜	杏鮑菇烘蛋	1/6
	培根蘆筍	1/4
	漬番茄	1/12

營養素占比

營養素	重量（克）	熱量比例
脂肪	82.10	76%
蛋白質	32.38	13%
總碳水化合物	40.07	
膳食纖維	12.75	
淨碳水化合物	27.32	11%

Chapter

9

不可或缺的配角
配菜

配菜，就像綠葉配襯著主菜的紅花。我很喜歡色彩繽紛的菜色，除了顏色好看，最重要是因為營養均衡。營養不是只有維生素、礦物質，還有許許多多的植化素、多酚等等。在植物中，其實有好多好多的密碼，真的等待我們去解開。

這些配菜包含了蔬菜、漬物、以及蛋。配菜當然不只這些食材，但都是很多人喜歡、又或者一定要食用的蔬菜類。

配菜01 蔬菜

焗烤花椰菜

材料：

花椰菜 1/2朵
莫札瑞拉(Mozzarella)起司 15克
切達(Cheddar)起司 15克
橄欖油 1大匙

營養素占比

營養素	重量（克）	熱量比例
脂肪	23.57	72.21%
蛋白質	12.59	17.14%
總碳水化合物	13.94	
膳食纖維	6.12	
淨碳水化合物	7.82	10.65%

作法：

1. 花椰菜切小朵，川燙後放入烤盤，淋上橄欖油。
2. 花椰菜上放兩種起司，入烤箱。
3. 烤箱設定180℃，烤10分鐘。取出即可食用。

配菜02 蔬菜

蒜炒花椰菜

材料：

白花椰菜 1朵
蒜頭 3瓣
奶油 40克
鹽 1小匙

營養素占比

營養素	重量（克）	熱量比例
脂肪	33.88	73.77%
蛋白質	11.37	11.00%
總碳水化合物	28.18	
膳食纖維	12.45	
淨碳水化合物	15.73	15.22%

作法：

1. 花椰菜切塊，燙熟後備用。
2. 取鍋，開中火，放入奶油，以及切片的蒜頭。
3. 待蒜頭變色，放入花椰菜，繼續拌炒。
4. 撒鹽即可。

配菜
03

蔬菜 辣烤花椰菜

材料：

白花椰菜 1朵
紅椒風味酪梨油 2大匙
鹽 2小匙

營養素占比

營養素	重量(克)	熱量比例
脂肪	30.48	73.08%
蛋白質	10.68	11.38%
總碳水化合物	26.82	
膳食纖維	12.24	
淨碳水化合物	14.58	15.54%

作法：

1. 白花椰菜切小朵，燙熟。
2. 取烤盤，放上白花椰菜、撒鹽，拌勻。淋上酪梨油。
3. 放入烤箱，190℃烤5分鐘，即可取出。

配菜
04

蔬菜 雙色花椰菜沙拉

材料：

白花椰菜 1/2朵、綠花椰菜 1/2朵
番茄 1/2顆、洋蔥 1/4顆
切達(Cheddar)起司 50克
鹽 1小匙、胡椒 適量
地中海辣醬 30ml(參考醬料食譜P__)
檸檬風味酪梨油 45ml

營養素占比

營養素	重量(克)	熱量比例
脂肪	45.69	80.41%
蛋白質	17.41	10.02%
總碳水化合物	23.77	
膳食纖維	9.14	
淨碳水化合物	14.63	9.57%

作法：

1. 白花椰菜、綠花椰菜切小朵，番茄切小塊，洋蔥切丁，切達起司切丁。
2. 將白花椰菜、綠花椰菜燙熟。
3. 取沙拉碗，依序放入白花椰菜、綠花椰菜、番茄、洋蔥、起司，撒鹽，拌勻。
4. 淋上地中海辣醬及酪梨油，再撒胡椒即可。

配菜 05

蔬菜 烤彩椒

材料：

紅椒 1顆
黃椒 1顆
青椒 1顆
鹽 1小匙
胡椒 適量
羅勒風味酪梨油 45ml

營養素占比

營養素	重量（克）	熱量比例
脂肪	49.15	71.51%
蛋白質	5.43	3.58%
總碳水化合物	57.34	
膳食纖維	19.62	
淨碳水化合物	14.63	24.90%

作法：

1. 各式彩椒切長條。
2. 撒鹽、淋上油。
3. 放入烤箱，設定190℃，烤20分鐘。
4. 取出後，撒胡椒，盛盤。再淋上酪梨油，讓味道更豐富。

配菜 06

蔬菜 炒彩椒

材料：

紅椒 1顆
黃椒 1顆
洋蔥 1/4顆
鹽 1小匙
胡椒 適量
橄欖油 60ml

營養素占比

營養素	重量（克）	熱量比例
脂肪	61.67	79.21%
蛋白質	5.23	2.99%
總碳水化合物	42.17	
膳食纖維	10.97	
淨碳水化合物	31.2	17.81%

作法：

1. 各式彩椒切長條、洋蔥切絲。
2. 取鍋，開中火，倒入橄欖油15ml。
3. 放入洋蔥絲，略炒，再放入彩椒，蓋上鍋蓋，轉小火。
4. 大約10分鐘，打開鍋蓋，撒入鹽、胡椒，拌勻，關火，盛盤。
5. 盛盤後，再淋上橄欖油提味。

配菜07 蔬菜 香煎茄子

材料：

茄子2條
橄欖油 30ml

營養素占比

營養素	重量（克）	熱量比例
脂肪	49.90	96.8%
蛋白質	1.30	1.1%
總碳水化合物	4.70	
膳食纖維	2.30	
淨碳水化合物	2.40	2.1%

作法：

1. 將茄子切片。
2. 取鍋，開中火，倒入橄欖油。
3. 放入茄子，單面煎得焦香，再翻面，略焦後，即可盛盤。

配菜08 蔬菜 焗烤茄子

材料：

茄子 2條、洋蔥 1/4顆
帕瑪森(Parmesan)起司 10克
莫札瑞拉(Mozzarella)起司 30克
義式香料 1小匙
迷迭香風味酪梨油 3大匙
鹽 1小匙、胡椒 適量

營養素占比

營養素	重量（克）	熱量比例
脂肪	54.63	80.41%
蛋白質	15.32	10.02%
總碳水化合物	23.77	
膳食纖維	9.14	
淨碳水化合物	14.63	9.57%

作法：

1. 茄子切片、洋蔥切丁、莫札瑞拉起司切小片。
2. 取烤盤，擺入洋蔥、茄子、淋上酪梨油、鹽、胡椒。
3. 撒上莫札瑞拉起司和帕瑪森起司。
4. 放入烤箱，設定190℃，烤20分鐘。
5. 取出後撒胡椒即可。

配菜 09 蔬菜

塔香茄子

材料：

茄子 2條
薑 2片
蒜頭 2瓣
九層塔 5葉
苦茶油 2大匙

營養素占比

營養素	重量（克）	熱量比例
脂肪	28.91	80.34%
蛋白質	4.58	5.65%
總碳水化合物	20.12	
膳食纖維	8.78	
淨碳水化合物	11.34	14.01%

作法：

1. 茄子切片，薑、蒜頭切末、九層塔隨意切。
2. 取鍋，開中火，放入苦茶油，同時放入薑末、蒜末。
3. 待香味釋出，放入茄子，快炒後，撒鹽，關火。
4. 放入九層塔，蓋上蓋子，約燜30秒。

配菜 10 蔬菜

奶香茄子

材料：

茄子 2條
義式香料 1大匙
奶油 30克
鹽 1小匙

營養素占比

營養素	重量（克）	熱量比例
脂肪	27.90	79.52%
蛋白質	4.76	6.02%
總碳水化合物	20.17	
膳食纖維	8.755	
淨碳水化合物	11.415	14.46%

作法：

1. 茄子切片。
2. 取烤盤，擺好茄子，撒入義式香料，放入烤箱，設定190℃，烤20分鐘。
3. 同時，取鍋，將奶油融化。
4. 取出烤好的茄子，撒鹽，拌入奶油即可。

配菜 11

蔬菜 川燙菠菜

材料：

菠菜 200克
水 50ml
大蒜風味酪梨油 1大匙
鹽 1小匙

營養素占比

營養素	重量（克）	熱量比例
脂肪	15.49	86.54%
蛋白質	4.38	10.889%
總碳水化合物	4.88	
膳食纖維	3.94	
淨碳水化合物	1.04	2.58%

作法：

1. 洗淨菠菜，切三段。
2. 取鍋，放入菠菜和水。
3. 蓋上鍋蓋，開大火，待水蒸氣冒出即可關火。
4. 開蓋取出，拌入鹽，淋上酪梨油即可。

配菜 12

蔬菜 川燙茼蒿

材料：

茼蒿 200克
水 50ml
檸檬風味酪梨油 1大匙
鹽 1小匙

營養素占比

營養素	重量（克）	熱量比例
脂肪	31	94.8%
蛋白質	3.6	4.9%
總碳水化合物	3.4	
膳食纖維	3.2	
淨碳水化合物	0.2	0.3%

作法：

1. 洗淨茼蒿，切2段。
2. 取鍋，放入茼蒿和水。
3. 蓋上鍋蓋，開大火，待水蒸氣冒出，關火。
4. 開蓋取出，拌入鹽，淋上酪梨油即可。

配菜 13

蔬菜 川燙青江菜

材料：

青江菜 3把
水 50ml
羅勒風味酪梨油 30ml
鹽 1小匙

營養素占比

營養素	重量(克)	熱量比例
脂肪	30.3	95%
蛋白質	3.4	4.7%
總碳水化合物	4.4	
膳食纖維	4.2	
淨碳水化合物	0.2	0.3%

作法：

1. 青江菜洗淨。
2. 取鍋，放入青江菜、水，蓋上鍋蓋，開大火。
3. 待冒出水蒸氣後，關火，燜約30秒。
4. 取出後，拌入鹽，淋上酪梨油即可。

配菜 14

蔬菜 川燙大陸妹

材料：

大陸妹 3把
水 50ml
大蒜風味酪梨油 30ml
鹽 1小匙

營養素占比

營養素	重量(克)	熱量比例
脂肪	33.6	95.7%
蛋白質	1.2	1.5%
總碳水化合物	3.8	
膳食纖維	1.6	
淨碳水化合物	2.2	2.8%

作法：

1. 大陸妹洗淨。
2. 取鍋，放入大陸妹、水，蓋上鍋蓋，開大火。
3. 待冒出水蒸氣後，關火，燜約30秒。
4. 取出後，拌入鹽，淋上酪梨油即可。

配菜 15 蔬菜 川燙空心菜

材料：

空心菜 3把
水 50ml
大蒜風味酪梨油 30ml
鹽 1小匙

營養素占比

營養素	重量（克）	熱量比例
脂肪	30.3	90.5%
蛋白質	2.8	3.2%
總碳水化合物	8.6	
膳食纖維	4.2	
淨碳水化合物	4.4	5.8%

作法：

1. 空心菜洗淨。
2. 取鍋，放入空心菜、水，蓋上鍋蓋，開大火。
3. 待冒出水蒸氣後，關火，燜約30秒。
4. 取出後，拌入鹽，淋上酪梨油即可。

配菜 16 蔬菜 炒芝麻葉

材料：

芝麻葉 200克
夏威夷豆油 15克
鹽 1小匙
胡椒 適量

營養素占比

營養素	重量（克）	熱量比例
脂肪	30.5	83.36%
蛋白質	5.2	11.86%
總碳水化合物	3.7	
膳食纖維	1.6	
淨碳水化合物	2.1	4.79%

作法：

1. 取鍋，開中火。
2. 放入芝麻葉微微燒熱後，淋上夏威夷豆油，略炒，關火。
3. 撒上鹽、胡椒即可。

配菜 17 蔬菜

芝麻葉沙拉

材料：

芝麻葉 200克
莫札瑞拉(Mozzarella)起司 50克
洋蔥 30克
橄欖油 30ml
鹽 1小匙
胡椒 適量

營養素占比

營養素	重量（克）	熱量比例
脂肪	41.83	79.21%
蛋白質	16.6	13.97%
總碳水化合物	11.5	
膳食纖維	3.39	
淨碳水化合物	8.11	6.83%

作法：

1. 洋蔥切丁、莫札瑞拉起司切碎。
2. 所有食材拌勻即可。

配菜 18 蔬菜

香蔥沙拉

材料：

蔥 8根
奶油 1大匙
地中海辣醬 3大匙(參考醬料P. 作法)
胡椒適量

營養素占比

營養素	重量（克）	熱量比例
脂肪	12.92	75.22%
蛋白質	3.59	9.29%
總碳水化合物	10.81	
膳食纖維	4.82	
淨碳水化合物	5.99	15.49%

作法：

1. 蔥洗淨後，折半，用棉線綁好。
2. 取鍋，開小火，放入奶油，融化後，放入蔥，煎至金黃色後，關火。
3. 取出蔥，將棉線取出後，趁熱淋上地中海辣醬，再撒入黑胡椒即可。

配菜 19

蔬菜 香煎筊白筍

材料：

筊白筍 4支
鹽 1小匙
萊姆風味酪梨油

營養素占比

營養素	重量（克）	熱量比例
脂肪	30.02	91.25
蛋白質	2.66	3.59%
總碳水化合物	8.04	
膳食纖維	4.22	
淨碳水化合物	3.82	5.16%

作法：

1. 筊白筍切片。
2. 取鍋，開中火，倒入萊姆風味酪梨油，同時放入筊白筍。
3. 開始變黃色時，翻面，煎到大約變色，灑鹽，關火即可。

配菜 20

蔬菜 香煎櫛瓜

材料：

櫛瓜 2根
鹽 適量
胡椒 適量
義式香料 1小匙
羅勒風味橄欖油1大匙

營養素占比

營養素	重量（克）	熱量比例
脂肪	15.57	72.15
蛋白質	4.62	9.52%
總碳水化合物	13.33	
膳食纖維	4.43	
淨碳水化合物	8.9	18.33%

作法：

1. 櫛瓜切片。
2. 取鍋，開中火，倒入橄欖油。
3. 放入櫛瓜，略煎1分鐘，翻面再煎1分鐘，關火。
4. 灑鹽、義式香料、胡椒，即可盛盤。

配菜 21 蔬菜 焗烤櫛瓜

材料：

櫛瓜 4根
帕瑪森(Parmesan)起司 30克
義式香料 1小匙
鹽 1小匙
橄欖油 2大匙

營養素占比

營養素	重量（克）	熱量比例
脂肪	31.56	67.42%
蛋白質	19.05	18.09%
總碳水化合物	22.26	
膳食纖維	7.00	
淨碳水化合物	15.26	14.49%

作法：

1. 將櫛瓜切片。
2. 取烤盤，放入櫛瓜、起司。撒入鹽、香料，淋上橄欖油。
3. 放入烤箱，設定190℃，烤10分鐘。

配菜 22 蔬菜 清炒絲瓜

材料：

絲瓜 1根
薑 3片
鹽 適量
胡椒 適量
橄欖油 15ml

營養素占比

營養素	重量（克）	熱量比例
脂肪	29.90	94.65%
蛋白質	1.00	1.41%
總碳水化合物	3.40	
膳食纖維	0.60	
淨碳水化合物	2.80	3.94%

作法：

1. 絲瓜去皮切塊狀、薑片切絲。
2. 取鍋，開中火，倒入橄欖油。
3. 放入薑絲，略炒後，再放入絲瓜塊。
4. 蓋上鍋蓋，煮5分鐘，關火。
5. 開蓋灑鹽、胡椒，即可盛盤。

配菜 23 (蔬菜) 法式鄉村白蘆筍

材料：

白蘆筍 12支
鮭魚醬 2大匙(參考醬料食譜P.142)
水煮蛋 2顆
義式香料 1小匙
鹽 1小匙、胡椒 1小匙
檸檬風味酪梨油 15ml

 營養素占比

營養素	重量(克)	熱量比例
脂肪	47.85	69.34%
蛋白質	27.36	17.62%
總碳水化合物	31.58	
膳食纖維	11.34	
淨碳水化合物	20.24	13.04%

作法：

1. 燙熟白蘆筍。
2. 取缽，將剝殼後的水煮蛋放入，同時放入義式香料、鹽、酪梨油，攪拌均勻。
3. 取3根白蘆筍，挖1大匙蛋在蘆筍中間，撒上胡椒即可。

 水晶老師的廚房筆記

很喜歡白蘆筍。台灣自產的白蘆筍，水分超多。這道法式鄉村料理，超好吃！

配菜 24 (蔬菜) 香煎蘆筍

材料：

蘆筍 1把
鹽 適量
迷迭香酪梨油 1大匙

 營養素占比

營養素	重量(克)	熱量比例
脂肪	30.46	78.47%
蛋白質	9.52	10.90%
總碳水化合物	14.44	
膳食纖維	5.16	
淨碳水化合物	9.28	10.63%

作法：

1. 取鍋，開中火，放入酪梨油。
2. 放入蘆筍，大約煎3分鐘。
3. 撒上鹽，即可盛盤。

配菜25 蔬菜 帕瑪森蘆筍

材料：

蘆筍 12根
帕瑪森(Parmesan)起司 20克
義式香料 1小匙
鹽 1小匙
橄欖油 2大匙

營養素占比

營養素	重量（克）	熱量比例
脂肪	36.62	68.86%
蛋白質	22.06	18.44%
總碳水化合物	23.04	
膳食纖維	7.84	
淨碳水化合物	15.2	12.70%

作法：

1. 取烤盤，放入蘆筍、帕瑪森起司。
2. 撒入鹽、香料，再淋上橄欖油。
3. 放入烤箱，設定190℃，烤10分鐘，即可取出。

配菜26 蔬菜 培根蘆筍

材料：

蘆筍 12根
培根 12片
鹽 1小匙
胡椒 適量
迷迭香風味酪梨油 1大匙

營養素占比

營養素	重量（克）	熱量比例
脂肪	49.98	72.33%
蛋白質	28.88	18.57%
總碳水化合物	22.00	
膳食纖維	7.85	
淨碳水化合物	14.15	9.1%

作法：

1. 蘆筍洗淨後，以培根包裹備用。
2. 取鍋，開大火，放入培根蘆筍，每面約煎2分鐘。
3. 撒入鹽、胡椒。
4. 上桌前，淋上酪梨油即可。

配菜 27 蔬菜 香煎杏鮑菇

材料：

杏鮑菇 8支
鹽 1小匙
胡椒 1小匙
核桃油 2大匙

營養素占比

營養素	重量(克)	熱量比例
脂肪	28.52	83.27%
蛋白質	4.92	6.38%
總碳水化合物	15.42	
膳食纖維	7.45	
淨碳水化合物	7.97	10.34%

作法：

1. 杏鮑菇用紙擦淨後，切片。
2. 取鍋，開中火，放入杏鮑菇片，蓋上鍋蓋。
3. 待出水後，關火。
4. 取出後，灑鹽、胡椒，倒入核桃油，拌勻即可。

配菜 28 蔬菜 培根杏鮑菇

材料：

杏鮑菇 6根
培根 6片
鹽 適量
胡椒 適量

營養素占比

營養素	重量(克)	熱量比例
脂肪	17.22	69.5%
蛋白質	10.97	19.68%
總碳水化合物	11.65	
膳食纖維	5.62	
淨碳水化合物	6.03	10.82%

作法：

1. 杏鮑菇用紙擦淨後，再以培根包裹備用。
2. 取鍋，開大火，放入培根杏鮑菇。
3. 每面約煎1分鐘，撒入鹽、胡椒即可。

配菜 29 蔬菜 蒜香杏鮑菇

材料：

杏鮑菇 8朵
蒜頭 4瓣
鹽 1小匙
大蒜風味酪梨油 20ml

 營養素占比

營養素	重量（克）	熱量比例
脂肪	15.24	70.15%
蛋白質	7.39	11.41%
總碳水化合物	23.01	
膳食纖維	11.07	
淨碳水化合物	11.94	18.44%

作法：

1. 杏鮑菇擦淨後，切片、蒜頭切片。
2. 取鍋，開中火，放入杏鮑菇，蓋上鍋蓋。出水後，關火，取出備用。
3. 再次開小火，倒入大蒜風味酪梨油，放入蒜頭，開始要變色之前，關火。
4. 放入杏鮑菇片，拌炒即可。

配菜 30 蔬菜 香炒百菇

材料：

杏鮑菇 2朵、蘑菇 8朵
鴻禧菇 1/2包、雪花菇 1/2包
大蒜醬 2大匙 (參考醬料食譜P__作法)
鹽 1小匙、奶油 3大匙

 營養素占比

營養素	重量（克）	熱量比例
脂肪	45.4	79.95%
蛋白質	10.60	8.29%
總碳水化合物	23.62	
膳食纖維	8.59	
淨碳水化合物	15.03	11.76%

作法：

1. 杏鮑菇切片、蘑菇去蒂切半、鴻禧菇、雪花菇剝開。
2. 取鍋，將所有菇放入，蓋上鍋蓋燜煮。
3. 出水後，放入奶油、大蒜醬拌炒，撒上鹽即可。

配菜 31 （蔬菜）培根高麗菜

材料：

高麗菜 1/2顆
培根 10片
鹽 1匙
核桃油 1大匙

營養素占比

營養素	重量（克）	熱量比例
脂肪	48.75	79.33%
蛋白質	18.47	13.36%
總碳水化合物	13.38	
膳食纖維	3.27	
淨碳水化合物	0	7.31%

作法：

1. 高麗菜洗淨，切塊狀；培根切小塊。
2. 取鍋，開中火，先炒培根，待油釋出後，放入高麗菜，蓋上鍋蓋。
3. 大約5分鐘，開蓋，拌入鹽，關火。
4. 盛盤後，淋上核桃油即可。

配菜 32 （蔬菜）辣炒高麗菜

材料：

高麗菜 1/2顆
蒜頭 2瓣
鹽 1小匙
紅椒風味酪梨油 30ml

營養素占比

營養素	重量（克）	熱量比例
脂肪	30.12	81.45%
蛋白質	4.03	4.84%
總碳水化合物	14.68	
膳食纖維	3.27	
淨碳水化合物	11.41	13.71%

作法：

1. 高麗菜切塊狀、蒜頭切片。
2. 取鍋，開中火，放入紅椒風味酪梨油。
3. 放入蒜片，待蒜片變色，再下高麗菜，蓋上鍋蓋，約5分鐘，關火。
4. 取出後，灑鹽，拌勻即可。

配菜 33 蔬菜

川燙高麗菜

材料：

高麗菜 1/2顆
水 50ml
鹽 1匙
檸檬風味酪梨油 30ml

營養素占比

營養素	重量（克）	熱量比例
脂肪	30.12	80.96%
蛋白質	3.93	4.69%
總碳水化合物	14.28	
膳食纖維	2.27	
淨碳水化合物	12.01	14.35%

作法：

1. 高麗菜切塊狀。
2. 取鍋，將高麗菜放入，倒入水，蓋上鍋蓋，轉大火。
3. 冒出水蒸氣後後，關火，等約30秒。
4. 開蓋，取出後，撒鹽、酪梨油，攪拌均勻即可。

配菜 34 蔬菜

烤高麗菜

材料：

高麗菜 1/4顆
義式香料 1小匙、大蒜顆粒 1小匙
鹽 1小匙、胡椒 適量
檸檬風味橄欖油 1大匙
鮮蝦醬 2大匙(參考醬料食譜P__作法)

營養素占比

營養素	重量（克）	熱量比例
脂肪	19.73	77.85%
蛋白質	4.52	7.93%
總碳水化合物	10.36	
膳食纖維	2.25	
淨碳水化合物	8.11	14.22%

作法：

1. 高麗菜連心切下約3公分，洗淨。
2. 取烤紙，擺上高麗菜，撒上鹽、義式香料，淋上檸檬風味橄欖油。
3. 放入烤箱，設定200℃，大約烤5分鐘。
4. 取出後盛盤，淋上鮮蝦醬，灑胡椒，即可上桌。

配菜35 蔬菜 小黃瓜番茄沙拉

材料：

小黃瓜麵 參考主食食譜P.114作法
番茄 4顆、洋蔥 1/4顆
水煮蛋 2顆、鹽 1小匙、胡椒 適量
鄉村牧場醬 4大匙(參考醬料食譜P.157作法)
香菜風味橄欖油 10ml

營養素占比

營養素	重量（克）	熱量比例
脂肪	31.3	51.35%
蛋白質	20.47	14.92%
總碳水化合物	59.56	
膳食纖維	13.29	
淨碳水化合物	46.27	33.73%

作法：

1. 番茄切塊狀，水煮蛋切碎，洋蔥切丁。
2. 取沙拉大盤，擺入小黃瓜麵，再放上番茄、洋蔥、水煮蛋。
3. 撒鹽、胡椒，淋上鄉村牧場醬，即可上桌。

配菜36 蔬菜 大黃瓜沙拉

材料：

大黃瓜 1/2根、洋蔥 1/4顆
義式香料 1大匙
羅勒風味酪梨油 適量
優格 50ml、酸奶 50ml
鹽 1小匙、胡椒 適量

營養素占比

營養素	重量（克）	熱量比例
脂肪	29.55	71.76%
蛋白質	5.87	6.34%
總碳水化合物	22.14	
膳食纖維	1.85	
淨碳水化合物	20.29	21.9%

作法：

1. 大黃瓜切片，洋蔥切丁。
2. 取缽，放入所有食材，攪拌均勻即可。

水晶老師的廚房筆記

在德國，黃瓜是個很常食用的沙拉食材，拌入優格與酸奶，滋味很清爽，是夏日的好菜。

配菜 37 (蔬菜) 油燜筍

材料：

竹筍 2支
蔥 3段
薑 3片
鹽 1匙
橄欖油 3匙

營養素占比

營養素	重量(克)	熱量比例
脂肪	45.25	72.85%
蛋白質	16.16	11.56%
總碳水化合物	30.99	
膳食纖維	9.2	
淨碳水化合物	30.79	15.59%

作法：

1. 竹筍，切塊狀。
2. 冷水煮竹筍，水滾後，小火煮約20分鐘。
3. 取鍋，倒入橄欖油，放入薑、蔥，開中火。
4. 放入煮好的竹筍，拌炒後，蓋上鍋蓋。
5. 大約5分鐘，關火，即可盛盤。

配菜 38 (蔬菜) 竹筍沙拉

材料：

竹筍 2支
豆腐美乃滋 適量(參考醬料食譜P.148作法)
芝麻油 30ml

營養素占比

營養素	重量(克)	熱量比例
脂肪	36.88	66.34%
蛋白質	19.29	15.43%
總碳水化合物	31.59	
膳食纖維	8.78	
淨碳水化合物	22.81	18.23%

作法：

1. 竹筍冷水煮，開小火，煮約20分鐘。
2. 取出切塊狀，盛盤，搭配豆腐美乃滋食用。

配菜 39 蔬菜 枸杞小白菜

材料：

小白菜 100克
薑 2片
鹽 1小匙
橄欖油 1大匙
枸杞 適量

營養素占比

營養素	重量（克）	熱量比例
脂肪	16.32	77.42%
蛋白質	5.09	10.73%
總碳水化合物	10.38	
膳食纖維	4.76	
淨碳水化合物	5.62	11.85%

作法：

1. 小白菜徹底洗淨，切段，薑切絲。
2. 取鍋，開中火，倒入橄欖油。
3. 放入薑絲，大約爆1分鐘，放入小白菜，略炒。
4. 放入鹽、撒入少許枸杞，拌勻即可。

配菜 40 蔬菜 蔥炒白菜

材料：

小白菜 2 株
蔥 2支
豬油 2大匙
鹽 1小匙

營養素占比

營養素	重量（克）	熱量比例
脂肪	30.4	91.2%
蛋白質	2.9	3.9%
總碳水化合物	5.6	
膳食纖維	2.2	
淨碳水化合物	3.4	4.5%

作法：

1. 小白菜切段，蔥切段。
2. 取鍋，開中火，倒入豬油。
3. 先放白色蔥段爆香，再下白菜，蓋上鍋蓋，小火燜煮。
4. 白菜軟化後，開蓋，撒鹽拌勻。
5. 關火，放入蔥綠，拌勻即可。

配菜 41

蔬菜 滷白菜

材料：

白菜 1顆
香菇 4朵
八角 2顆
大蒜 4瓣
鹽 2小匙
豬油 15ml

營養素占比

營養素	重量（克）	熱量比例
脂肪	16.13	75.5%
蛋白質	4.58	9.53%
總碳水化合物	11.39	
膳食纖維	4.19	
淨碳水化合物	7.2	14.98%

作法：

1. 白菜洗淨、切段，大蒜剝皮，香菇切絲。
2. 取壓力鍋，放入豬油、白菜、香菇、大蒜、鹽、八角。
3. 上壓1分鐘，洩完壓，開蓋，即可食用。

配菜 42

蔬菜 焗烤白菜

材料：

大白菜 1顆、豬絞肉 50克
紅蘿蔔 3片、洋蔥 1/4顆
莫札瑞拉(Mozzarella)起司 20克
帕瑪森(Parmesan)起司 20克
鮮奶油 100ml
鹽 1小匙、奶油 1大匙

營養素占比

營養素	重量（克）	熱量比例
脂肪	69.96	79.5%
蛋白質	27.94	14.11%
總碳水化合物	16.66	
膳食纖維	4.0	
淨碳水化合物	12.66	6.39%

作法：

1. 大白菜切段，洋蔥切絲，紅蘿蔔切絲。
2. 取湯鍋，將大白菜燙熟。
3. 取平底鍋，燒熱奶油，放入洋蔥、紅蘿蔔、豬絞肉拌炒。
4. 再放入大白菜、鹽拌炒。
5. 取烤盤，放入炒過的大白菜，倒入鮮奶油，拌勻。鋪上莫札瑞拉起司與帕瑪森起司。
6. 放入烤箱，設定200℃，烤20分鐘，時間到即可取出。

配菜
43
蔬菜 滷花生

材料：

花生 300克
八角 2顆
洋蔥 1/4顆
大蒜 4瓣
鹽 2小匙
紅椒風味酪梨油 50m

營養素占比

營養素	重量（克）	熱量比例
脂肪	115.8	72.8%
蛋白質	43.5	12.2%
總碳水化合物	82.3	
膳食纖維	28.5	
淨碳水化合物	53.8	15%

作法：

1. 花生洗淨，洋蔥切塊狀，大蒜剝皮。
2. 取壓力鍋，放入花生、洋蔥、大蒜、鹽、八角，上壓25分鐘。
3. 洩完押後，開蓋，盛盤，淋上酪梨油，即可食用。

配菜
44
蔬菜 鹽滷蘿蔔

材料：

蘿蔔 1根、洋蔥 1/4顆
蒜頭 2瓣
鹽 1大匙
八角 2顆
月桂葉 1片
芝麻油 30ml

營養素占比

營養素	重量（克）	熱量比例
脂肪	28.38	74.21%
蛋白質	3.4	3.95%
總碳水化合物	25.11	
膳食纖維	6.32	
淨碳水化合物	18.79	21.84%

作法：

1. 蘿蔔洗淨，切輪狀。
2. 洋蔥切塊狀，蒜頭剝皮。
3. 取壓力鍋，放入蘿蔔、洋蔥、大蒜、鹽、八角、月桂葉，上壓8分鐘。
4. 洩完壓，開蓋，即可食用。

配菜 45 蔬菜

烤球芽甘藍

材料：

球芽甘藍 1/2包
紅椒風味酪梨油 15ml
鹽 1小匙

營養素占比

營養素	重量(克)	熱量比例
脂肪	15.45	80.17%
蛋白質	3.2	7.38%
總碳水化合物	7.2	
膳食纖維	1.8	
淨碳水化合物	5.4	12.45%

作法：

1. 取烤盤，放入球芽甘藍，灑鹽，淋上酪梨油。
2. 放入烤箱，設定190℃，烤15分鐘，取出盛盤。

配菜 46 蔬菜

奶香球芽甘藍

材料：

球芽甘藍 1/2包
奶油 1大匙
鹽 1小匙

營養素占比

營養素	重量(克)	熱量比例
脂肪	13.01	76.97%
蛋白質	3.34	8.78%
總碳水化合物	7.22	
膳食纖維	1.8	
淨碳水化合物	5.42	14.25%

作法：

1. 取鍋，開中火，放入奶油融化。
2. 放入球芽甘藍，拌炒後，蓋上鍋蓋，轉小火。
3. 5分鐘後，關火，拌入鹽即可盛盤。

配菜47 蔬菜

培根球芽甘藍

材料：

球芽甘藍 1/2包
培根 6片
鹽 1小匙

 營養素占比

營養素	重量（克）	熱量比例
脂肪	14.17	73.44%
蛋白質	9.02	14.07%
總碳水化合物	7.2	
膳食纖維	1.8	
淨碳水化合物	4.52	12.48%

作法：

1. 培根切小塊，球芽甘藍洗淨。
2. 取鍋，開大火，放入培根，豬油釋出後，轉小火，放入球芽甘藍拌炒。
3. 蓋上鍋蓋，大約燜5分鐘。
4. 開蓋後，撒入鹽，拌炒均勻，關火後即可盛盤。

配菜48 蔬菜

蒜炒球芽甘藍

材料：

球芽甘藍 1/2包
蒜頭 2瓣
鹽 1小匙
大蒜風味酪梨油 1大匙

 營養素占比

營養素	重量（克）	熱量比例
脂肪	15.45	79.63%
蛋白質	3.27	7.49%
總碳水化合物	7.46	
膳食纖維	1.84	
淨碳水化合物	5.62	12.87%

作法：

1.蒜頭切末。
2.取鍋，開中火，倒入酪梨油，放入蒜頭，待蒜頭略變成黃色。
3.放入球芽甘藍拌炒，蓋上鍋蓋，大約燜5分鐘。
4.開蓋，撒鹽，關火，即可盛盤。

配菜 49 (蔬菜) 咖哩蔬菜

材料：

番茄 1顆、紅椒 1顆、黃椒 1顆
洋蔥 1/2顆、紅蘿蔔 1根
櫛瓜 3條
咖哩粉 1大匙
鹽 1小匙、胡椒 適量
羅勒風味橄欖油 5大匙

營養素占比

營養素	重量（克）	熱量比例
脂肪	103.69	77.46%
蛋白質	12.85	4.27%
總碳水化合物	77.60	
膳食纖維	22.58	
淨碳水化合物	55.02	18.27%

作法：

1. 番茄、洋蔥、紅椒、黃椒、櫛瓜切塊狀，紅蘿蔔切丁。
2. 取烤盤，依序擺入所有食材，撒上咖哩粉、鹽、胡椒，淋上酪梨油。
3. 放入烤箱，設定190℃，烤15分鐘，取出即可盛盤。

配菜 50 (蔬菜) 咖哩四季豆

材料：

四季豆 1把
咖哩粉 1大匙
絞肉 100克
洋蔥 1/4顆
鹽 1小匙
橄欖油 1小匙

營養素占比

營養素	重量（克）	熱量比例
脂肪	103.69	77.46%
蛋白質	12.85	4.27%
總碳水化合物	77.6	
膳食纖維	22.58	
淨碳水化合物	55.02	18.27%

作法：

1. 四季豆洗淨、撕去粗纖維、切小段，洋蔥切丁。
2. 取鍋，開中火，倒入橄欖油。
3. 放入洋蔥，略炒，香氣飄出後，放入絞肉，拌炒至肉慢慢變色，再放入四季豆及咖哩粉，繼續拌炒。
4. 蓋上鍋蓋，轉小火，大約燜3分鐘。
5. 開蓋後，撒鹽，炒匀，即可關火，盛盤。

配菜 51

蔬菜 薑炒黑木耳

材料：

黑木耳 200克
薑 3片
薑味橄欖油 1大匙
鹽 1小匙

營養素占比

營養素	重量（克）	熱量比例
脂肪	15.17	87.63%
蛋白質	1.72	4.42%
總碳水化合物	17.92	
膳食纖維	14.82	
淨碳水化合物	3.1	7.96%

作法：

1. 黑木耳切絲、薑切絲。
2. 取鍋，開中火，倒入橄欖油。
3. 放入薑絲，略炒，再放入黑木耳，繼續拌炒。
4. 蓋上鍋蓋，轉小火，約燜5分鐘。
5. 開蓋，撒鹽，炒勻後關火，即可盛盤。

配菜 52

蔬菜 炒甜豆

材料：

甜豆 200克
鹽 1小匙
橄欖油 1大匙

營養素占比

營養素	重量（克）	熱量比例
脂肪	30.7	83.55%
蛋白質	5.8	7.02%
總碳水化合物	14.2	
膳食纖維	6.4	
淨碳水化合物	7.8	9.43%

作法：

1. 甜豆洗淨，撕去粗纖維。
2. 取鍋，開中火，倒入橄欖油。
3. 放入甜豆，蓋上鍋蓋，讓豆子微微變成黃色，豆子因含有豆素，讓它微微變色，會比較安全，最後撒鹽即可。

配菜 53 蔬菜

辣炒豆乾

材料：

豆乾 6片
蒜苗 1根
鹽 1小匙
紅椒風味酪梨油 30ml

營養素占比

營養素	重量（克）	熱量比例
脂肪	46.94	72.65%
蛋白質	35.68	24.54%
總碳水化合物	11.8	
膳食纖維	7.72	
淨碳水化合物	15.68	2.81%

作法：

1. 豆乾切成長條，蒜苗切段。
2. 取鍋，開中火，倒入酪梨油。
3. 先放入白色段蒜苗，略炒，轉小火，再放入豆乾，繼續拌炒。
4. 加鹽，下綠色蒜苗，拌炒後，即可盛盤。

配菜 54 蔬菜

義式地瓜薯條

材料：

地瓜 1顆
義式香料 1大匙
萊姆風味酪梨油 60ml

營養素占比

營養素	重量（克）	熱量比例
脂肪	59.65	72%
蛋白質	2.66	1.43%
總碳水化合物	55.42	
膳食纖維	5.88	
淨碳水化合物	49.54	26.58%

作法：

1. 將地瓜削皮後，切成細長條。
2. 放入冷凍庫約1小時。
3. 取出後，抹油，撒上義式香料。
4. 烤箱設定220℃，烤30分鐘，烤至表面金黃色即可取出。

配菜 55 （蔬菜）南瓜起司燒

材料：

南瓜 1/2顆
莫札瑞拉(Mozzarella)起司 50克
羅勒風味酪梨油 2大匙
義式香料 1小匙

營養素占比

營養素	重量（克）	熱量比例
脂肪	41.8	60.12%
蛋白質	16.86	10.78%
總碳水化合物	53.04	
膳食纖維	7.51	
淨碳水化合物	45.53	29.10%

作法：

1. 南瓜切片、起司切片。
2. 取烤盤，擺一片南瓜、一片起司，撒上義式香料。
3. 放入烤箱，設定200℃，烤 20分鐘。
4. 取出後，淋上羅勒風味酪梨油。

配菜 56 （小菜）三層肉豆乾

材料：

豆乾 6片
三層肉 200克(切薄片)
蔥 2根
辣椒 1根
鹽 1小匙

營養素占比

營養素	重量（克）	熱量比例
脂肪	85.21	74.26%
蛋白質	65.16	25.249%
總碳水化合物	9.01	
膳食纖維	7.73	
淨碳水化合物	1.28	0.50%

作法：

1. 豆乾切成長條，蔥切段，辣椒去籽切片。
2. 取鍋，開中火，放入豬肉，逼出油後，轉小火，放入豆乾，繼續拌炒。
3. 撒鹽，下蔥段、辣椒片，拌炒後，即可盛盤。

配菜 57

小菜 彩椒鯛魚卷

材料：

黃椒 1顆
紅椒 1顆
蒜頭 3瓣
漬鯛魚 3塊(參考配菜P.266作法)
橄欖油 30ml
九層塔 5葉

營養素占比

營養素	重量（克）	熱量比例
脂肪	40.03	70.05%
蛋白質	8.98	6.98%
總碳水化合物	40.28	
膳食纖維	10.76	
淨碳水化合物	29.52	22.96%

作法：

1. 黃椒、紅椒切長條狀，蒜頭切末，九層塔切小片。
2. 將漬鯛魚、蒜頭、九層塔、1匙橄欖油，放入缽內拌勻。
3. 將混合好的鯛魚醬鋪在黃椒、紅椒上，最後淋上橄欖油即可。

水晶老師的廚房筆記

這是來自義大利的小菜，讓從不吃甜椒的我愛上了甜椒。

配菜 58

小菜 鯛魚拌豆芽菜

材料：

豆芽菜 100克
漬鯛魚 3塊 (參考配菜P.266作法)
豆腐美乃滋 2大匙(參考醬料食譜P.148)

營養素占比

營養素	重量（克）	熱量比例
脂肪	35.01	76.38%
蛋白質	18.89	18.32%
總碳水化合物	7.4	
膳食纖維	1.93	
淨碳水化合物	5.47	5.3%

作法：

1. 豆芽菜燙熟。
2. 取缽，將所有食材放入，攪拌均勻即可。

配菜 59 蛋 蛋豆腐

材料：

豆漿 100ml
蛋 1顆
檸檬風味酪梨油 30ml

營養素占比

營養素	重量（克）	熱量比例
脂肪	36.295	59.2%
蛋白質	9.83	39.22%
總碳水化合物	1.7	
膳食纖維	1.3	
淨碳水化合物	0.4	1.58%

水晶老師的廚房筆記

其實蛋豆腐自己做，真的簡單又安心。

作法：

1. 將豆漿與蛋打勻。
2. 取壓力鍋，放入蒸盤，底下放入熱水200ml。
3. 開大火，上壓後，轉小火，設定8分鐘。時間到關火，等待洩壓。
4. 洩完壓後，開蓋取出，放涼後，淋上酪梨油即可食用。

配菜 60  荷包蛋

材料：

蛋 1顆
檸檬風味酪梨油 15ml

營養素占比

營養素	重量（克）	熱量比例
脂肪	24.75	80.80%
蛋白質	12.53	18.18%
總碳水化合物	0.70	
膳食纖維	0.00	
淨碳水化合物	0.70	1.02%

作法：

1. 倒入酪梨油，開大火，熱鍋。
2. 關火，將蛋打入鍋裡。
3. 待單面成型，翻面，開中火，一分鐘後關火。

配菜 61 蛋 天使蛋

材料：

蛋 2顆
培根乾 1小杯
酸奶 1大匙

營養素占比

營養素	重量（克）	熱量比例
脂肪	28.94	61.96%
蛋白質	35.96	34.22%
總碳水化合物	4.02	
膳食纖維	0	
淨碳水化合物	4.02	3.82%

作法：

1. 將蛋白與蛋黃分離，蛋白打發為硬性發泡。
2. 加入酸奶，拌勻成為蛋白霜。
3. 取烘培用不鏽鋼圈，均勻抹油後，取烤盤，並放一張烤紙，放上不鏽鋼圈，取一大匙蛋白霜放入不鏽鋼圈，輕輕在中間挖個凹洞，放入蛋黃，再用蛋白霜蓋住。
4. 放入烤箱，設定170℃，烤10分鐘。
5. 時間到取出後，輕輕刮開，慢慢取出，撒上培根乾即可。

配菜 62 蛋 彩椒蛋

材料：

紅椒 1顆
黃椒 1顆
蛋 4顆
鹽 1小匙
胡椒 適量
檸檬風味酪梨油 30ml

營養素占比

營養素	重量（克）	熱量比例
脂肪	48.76	65.68%
蛋白質	29.13	17.442%
總碳水化合物	37.09	
膳食纖維	8.89	
淨碳水化合物	28.2	16.88%

作法：

1. 紅椒、黃椒去頭去尾，各切成2圓圈。
2. 取鍋，倒點酪梨油，開中火，放入黃椒和紅椒圈。
3. 將蛋打入圈內，蓋上鍋蓋，轉小火。
4. 大約5分鐘，開蓋，撒鹽、胡椒。關火，即可盛盤。

配菜
63

蔬菜烘蛋

材料：

洋蔥 1/4顆
黑木耳 2朵
紅蘿蔔 1/4根
菠菜 30克
蛋 4顆
鮮奶油 100ml、雞湯 50ml

營養素占比

營養素	重量（克）	熱量比例
脂肪	57.11	75.95%
蛋白質	29.76	17.59%
總碳水化合物	15.85	
膳食纖維	4.93	
淨碳水化合物	10.82	6.45%

作法：

1. 洋蔥切絲、黑木耳切絲、紅蘿蔔去皮切絲、白菜切塊。
2. 取鍋，水燒開，川燙白菜，取出。
3. 蛋與雞湯、鮮奶油拌勻。
4. 取烤盤，將蔬菜排好，淋上蛋液。
5. 放入烤箱，設定190℃，烤35分鐘，時間到取出，撒胡椒即可上桌。

配菜
64

番茄烘蛋

材料：

番茄 6顆
洋蔥 1/4顆
蛋 4顆
鮮奶油 100ml
酸奶 50ml
鹽 2小匙、胡椒 適量

營養素占比

營養素	重量（克）	熱量比例
脂肪	57.87	69.67%
蛋白質	29.03	16.01%
總碳水化合物	30.34	
膳食纖維	3.59	
淨碳水化合物	26.75	14.31%

作法：

1. 番茄切片狀、洋蔥切絲。
2. 蛋、鮮奶油、酸奶、鹽拌勻。
3. 取烤盤，將洋蔥與番茄排好，淋上蛋液。
4. 放入烤箱，設定190℃，烤35分鐘。
5. 時間到取出，撒胡椒即可上桌。

配菜 65 蛋

杏鮑菇烘蛋

材料：

杏鮑菇 6支、洋蔥 1/4顆
蛋 4顆
鮮奶油 100克
酸奶 50克
鹽 2小匙、胡椒適量

營養素占比

營養素	重量（克）	熱量比例
脂肪	57.2	71.48%
蛋白質	33.53	18.62%
總碳水化合物	25.81	
膳食纖維	7.99	
淨碳水化合物	17.82	9.9%

作法：

1. 杏鮑菇切片、洋蔥切絲。
2. 蛋、酸奶油、鮮奶油、鹽拌勻。
3. 取烤盤，將洋蔥與杏鮑菇排好，淋上蛋液。
4. 放入烤箱，設定190℃，烤35分鐘。
5. 時間到取出，撒胡椒即可上桌。

配菜 66

絲瓜烘蛋

材料：

絲瓜 1條
洋蔥 1/4顆
蛋 4顆
鮮奶油 100ml
雞湯 50ml
胡椒 適量

營養素占比

營養素	重量（克）	熱量比例
脂肪	57.54	72.65%
蛋白質	31.97	17.94%
總碳水化合物	20.43	
膳食纖維	3.65	
淨碳水化合物	16.78	9.42%

作法：

1. 絲瓜去皮切輪狀、洋蔥切絲。
2. 蛋、雞湯、鮮奶油拌勻。
3. 取烤盤，將洋蔥與絲瓜排好，淋上蛋液。
4. 放入烤箱，設定190℃，烤35分鐘。
5. 時間到取出，撒胡椒即可上桌。

配菜 67 （蛋）惡魔蛋

材料：

蛋 4顆、聖女小番茄 4顆
九層塔 8葉
香腸醬 2大匙 (參考醬料食譜P.143作法)
胡椒 適量
紅椒風味酪梨油 1大匙

營養素占比

營養素	重量（克）	熱量比例
脂肪	42.84	74.47%
蛋白質	27.46	21.21%
總碳水化合物	6.11	
膳食纖維	0.523	
淨碳水化合物	5.587	4.32%

作法：

1. 將蛋用水煮熟後，放冷，去殼，切對半，取出蛋黃。
2. 聖女小番茄切對半。
3. 將蛋黃、香腸醬拌勻後，將蛋黃醬挖1大匙放入蛋白。
4. 擺入九層塔、聖女小番茄，再撒上胡椒，淋紅椒風味酪梨油。

配菜 68 （蛋）韭菜炒蛋

材料：

韭菜 1把
蛋 4顆
鹽 1小匙
豬油 1大匙

營養素占比

營養素	重量（克）	熱量比例
脂肪	32.73	69.18%
蛋白質	26.92	25.29%
總碳水化合物	8.28	
膳食纖維	2.4	
淨碳水化合物	5.88	5.52%

作法：

1. 韭菜切段，蛋打勻。
2. 取鍋，開中火，倒入豬油。
3. 倒入蛋，略成形後，放入韭菜，一同拌炒，撒鹽，即可盛盤。

配菜69 蛋 洋蔥炒蛋

材料：

洋蔥 1顆
蛋 4顆
鹽 1小匙
蔥 1根
豬油 30ml

營養素占比

營養素	重量（克）	熱量比例
脂肪	46.9	67.54%
蛋白質	28.39	18.17%
總碳水化合物	25.59	
膳食纖維	3.25	
淨碳水化合物	22.34	14.29%

作法：

1. 洋蔥切絲，蛋打散，蔥切蔥花。
2. 取鍋，開中火，放入豬油，下洋蔥炒軟後，再倒入蛋液。
3. 待蛋呈現凝固狀，開始拌炒，撒鹽，盛盤後，撒上蔥花即可。

配菜70 漬物 漬昆布蘿蔔

材料：

白蘿蔔 1/2根、紅蘿蔔 1/2根
昆布 1片
甜橙風味亞麻籽油 45ml
鹽 1大匙
白酒醋 50ml

營養素占比

營養素	重量（克）	熱量比例
脂肪	46.22	66.35%
蛋白質	13.49	8,61%
總碳水化合物	73.37	
膳食纖維	34.11	
淨碳水化合物	39.26	25.05%

作法：

1. 紅、白蘿蔔切小片，昆布擦拭乾淨。
2. 取缽，放入紅、白蘿蔔片，撒鹽，等待出水。
3. 取密封盒，放入出水後的紅、白蘿蔔、乾昆布片。
4. 倒入白酒醋、亞麻籽油，蓋上蓋子，大約悶30分鐘，即可食用。

配菜 71 漬物 漬義式彩椒

材料：

黃椒1顆、紅椒1顆
蒜頭4瓣、白酒醋300ml
新鮮迷迭香1支 、月桂葉1片
彩色胡椒1大匙、鹽1小匙
羅勒風味酪梨油100m

營養素占比

營養素	重量（克）	熱量比例
脂肪	101.81	84.16%
蛋白質	7.81	2.87%
總碳水化合物	48.1	
膳食纖維	12.81	
淨碳水化合物	35.29	12.97%

作法：

1. 紅椒、黃椒洗淨，去籽切成條狀，蒜頭去皮。
2. 取鍋，倒入白酒醋，煮至沸騰後，放入紅、黃椒、蒜頭，約5分鐘取出瀝乾，冷卻。
3. 取空瓶，記得瓶子要擦乾，分次放入煮好的紅、黃椒及蒜頭，再放入迷迭香、月桂葉、彩色胡椒、鹽，並倒入酪梨油。
4. 蓋上蓋子，靜置3天即可。

配菜 72 漬物 漬番茄

材料：

聖女小番茄1/2盒
白酒醋300ml
新鮮迷迭香1支 、月桂葉1片
彩色胡椒1大匙、鹽1小匙
迷迭香酪梨油100ml

營養素占比

營養素	重量（克）	熱量比例
脂肪	99.79	97.79%
蛋白質	1.46	1.46%
總碳水化合物	4.94	
膳食纖維	3.21	
淨碳水化合物	1.73	0.75%

作法：

1. 小番茄洗淨，去蒂，切半。
2. 取鍋，倒入白酒醋，煮至沸騰後，放入小番茄，約5分鐘取出瀝乾，冷卻。
3. 取空瓶，記得瓶子要擦乾，分次放入煮好的番茄，再放入迷迭香、月桂葉、彩色胡椒、鹽，並倒入酪梨油。
4. 蓋上蓋子，靜置3天即可。

配菜 73

漬物 漬鯛魚

材料：

鯛魚塊 200克、蒜頭 2瓣
白酒醋 300ml、新鮮迷迭香 1支
月桂葉 1片、彩色胡椒 1大匙
鹽 1小匙
檸檬風味酪梨油 100ml

營養素占比

營養素	重量（克）	熱量比例
脂肪	101.63	81.16%
蛋白質	48.37	17.17%
總碳水化合物	6.33	
膳食纖維	1.61	
淨碳水化合物	4.72	1.68%

作法：

1. 鯛魚洗淨、切片，蒜頭剝皮備用。
2. 取鍋，將醋倒入，沸騰後，放入魚片，約5分鐘取出瀝乾、放冷。
3. 取空瓶，放入香料、魚片、蒜頭、鹽、胡椒粒。
4. 倒入酪梨油，放置3天即可。

配菜 74

漬物 酸黃瓜

材料：

黃瓜 3根
橄欖油 200ml
白酒醋 100ml
鹽 1小匙

營養素占比

營養素	重量（克）	熱量比例
脂肪	198.57	98.42%
蛋白質	3.12	0.69%
總碳水化合物	7.97	
膳食纖維	3.94	
淨碳水化合物	4.03	0.89%

作法：

1. 將黃瓜切小塊，擦乾，放入瓶中。
2. 倒入橄欖油、白酒醋、鹽。
3. 蓋上瓶蓋，搖晃瓶子後，靜置 3 天即可食用。

【後記】

從決定寫這本低醣生酮便當食譜書，邊做、邊寫、邊計算，然後交稿、拍照、改稿，犧牲了好多假期。別人網路分享著與家人共度歡樂時光；牛牛陪著我在廚房持續地寫、做、計算，而其中來來去去的好友們不斷的陪伴，終於熱騰騰的要上市了。

說真的，寫食譜其實很簡單，做成便當也不難；但是，最困難的卻有兩點：其一是當個工程師計算數字，其二就是拍照的日子。以前拍照，一次一道真的好簡單，這次不一樣。配菜、主食做了又做，每天拍照前的準備功夫，就是把這些食物先做好，不要浪費攝影師與編輯的時間。

如果以數學排列組合，不同的搭配至少有上千種組合。我列舉了100個範例，只是個建議；事實上，便當可以千變萬化！上帝給予的自然食物實在太多了，很多食物真的不及備載製作，讀者可以自行搭配。

在寫書的過程中，許多人參與了試吃的行列，也一起陪同我將書本完成，甚至發現，我的食譜真的簡單容易操作。不論你採用生酮或低醣等飲食方法，記得開始任何計畫前，都要與醫師、營養師好好的計畫溝通。更要切記，飲食方法不是只用來瘦身，而是為了全面性的健康。

謝謝你們讓我有美好的過程！謝謝上帝，讓我可以變換出不同食物組合；謝謝我的好友兼小助理徐瑋璘全程參與和支持；謝謝廖書嫻告訴我正確的觀念、如何計算數字；謝謝康凌筑幫我洗菜切菜；謝謝薛佩誼幫我預查數字；謝謝店小二幫我一起驗算數字、一起將數字打入電腦；謝謝我的好友謝佳玲，假日讓我在她家可以過過家庭的生活。

拍照時，小助手依照我的食譜做出很出色的醬料與漬物，她告訴很多人說：「老師食譜真的淺顯易懂！」其實是小助手很用心，全程陪伴我們的製作與拍攝過程。

寫完一本食譜真的只是完成1/3哩路，拍照、實作與編輯才是其他的2/3哩路。不論讀者選擇生酮或低醣，就讓我們一起享受健康吧！

百變低醣・生酮便當

100款美味健康便當組合＋25道主菜＋25種主食＋18款醬料＋74道配菜，週一到週五輕鬆自由配

作　　者　水晶Crystal
插　　畫　水晶Crystal
責任編輯　林志恆
封面設計　張克
內頁設計　詹淑娟
攝　　影　王銘偉

發 行 人　許彩雪
總 編 輯　林志恆
行銷企畫　黃怡婷
出　　版　常常生活文創股份有限公司
E-mail　goodfood@taster.com.tw
地　　址　台北市106大安區信義路二段130號
電　　話　02-2325-2332

讀者服務專線　02-2325-2332
讀者服務傳真　02-2325-2252
讀者服務信箱　goodfood@taster.com.tw
讀者服務網頁　http://www.goodfoodlife.com.tw

法律顧問　浩宇法律事務所
總 經 銷　大和書報圖書股份有限公司
電　　話　02-8990-2588
傳　　真　02-2290-1628

印刷製版　龍岡數位文化股份有限公司
初版一刷　2019年 6月
　　三刷　2019年12月
定　　價　新台幣450元
I S B N　978-986-96200-8-6

FB｜常常好食

網站｜食醫行市集

國家圖書館出版品預行編目(CIP)資料

百變低醣生酮便當：100款美味健康便當組合+25道主菜+25種主食+18款醬料+74道配菜,週一到週五輕鬆自由配 / 水晶作. -- 初版. -- 臺北市：常常生活文創, 2019.06
面；　公分
ISBN 978-986-96200-8-6(平裝)

1.食譜 2.健康飲食

427.17　　108009301